THÈSES

A LA FACULTÉ DES SCIENCES DE L'UNIVERSITÉ DE LYON

POUR OBTENIR

LE GRADE DE DOCTEUR ÈS SCIENCES PHYSIQUES

PAR

M. Victor GRIGNARD

Chef des travaux de chimie générale
à la Faculté des Sciences de l'Université de Lyon

1re THÈSE. — Sur les combinaisons organomagnésiennes mixtes et leur application a des synthèses d'acides, d'alcools et d'hydrocarbures.

2e THÈSE. — Propositions données par la Faculté.

Soutenues le   juillet 1901, devant la Commission d'examen

MM. BARBIER . . . . *Président.*
GOLY . . . . . } *Examinateurs.*
VIGNON . . . . }

LYON

A. REY, IMPRIMEUR-ÉDITEUR DE L'UNIVERSITÉ
4, RUE GENTIL, 4
—
1901

THÈSES

PRÉSENTÉES

A LA FACULTÉ DES SCIENCES DE L'UNIVERSITÉ DE LYON

POUR OBTENIR

LE GRADE DE DOCTEUR ÈS SCIENCES PHYSIQUES

PAR

M. Victor GRIGNARD

Chef des travaux de chimie générale
à la Faculté des Sciences de l'Université de Lyon.

1ʳᵉ **THÈSE**. — SUR LES COMBINAISONS ORGANOMAGNÉSIENNES MIXTES ET
LEUR APPLICATION A DES SYNTHÈSES D'ACIDES, D'ALCOOLS
ET D'HYDROCARBURES.

2ᵉ **THÈSE**. — PROPOSITIONS DONNÉES PAR LA FACULTÉ.

Soutenues le   juillet 1901, devant la Commission d'examen

MM. BARBIER . . . . . *Président.*
GOUY . . . . . } *Examinateurs.*
VIGNON . . . . }

LYON

A. REY, IMPRIMEUR-ÉDITEUR DE L'UNIVERSITÉ

4, RUE GENTIL, 4

1901

UNIVERSITÉ DE LYON

FACULTÉ DES SCIENCES

Doyen

M. DEPÉRET, I. ✪, Correspondant de l'Institut.

Assesseur

M. BARBIER, ✸, I. ✪.

Professeur honoraire

M. LAFON, ✸, I. ✪.

Professeurs

MM. ANDRÉ, ✸, I. ✪ . . . . Astronomie physique.
    BARBIER, ✸, I. ✪ . . . . Chimie générale.
    GOUY, I. ✪ . . . . Physique.
    GÉRARD, I. ✪ . . . . Botanique.
    DUBOIS, ✸, I. ✪ . . . . . . Physiologie générale et comparée.
    DEPÉRET, I. ✪ . . . . Géologie.
    KŒHLER, I. ✪ . . . . Zoologie.
    OFFRET, I. ✪ . . . . Minéralogie théorique et appliquée.
    VIGNON, I. ✪ . . . . Chimie appliquée à l'industrie et à
                         l'agriculture.
    FLAMME, I. ✪ . . . . Mathématiques appliquées.
    VESSIOT, I. ✪ . . . . Mathématiques pures.

Professeur adjoint

MM. VAUTIER, I. ✪ . . . . Physique.

Chargés de cours et Maîtres de conférences

MM. GONNESSIAT, I. ✪ . . . . . Astronomie.
    AUTONNE, I. ✪ . . . . . . Mathématiques.
    CARTAN, A. ✪ . . . . Mathématiques.
    COUTURIER, A. ✪ . . . . . Chimie appliquée.
    RIGOLLOT, I. ✪ . . . . . . Physique industrielle.
    RICHE, I. ✪ . . . . Géologie.
    COUVREUR, I. ✪ . . . . . Physiologie.
    RAY, A. ✪ . . . . Botanique.
    WEISS, A. ✪ . . . . Physique.
    DARBOUX, A. ✪ . . . . . . Zoologie.
    TISSIER, I. ✪ . . . . Chimie générale.

Secrétaire

M. BEAUDUN, I. ✪.

A M. LE PROFESSEUR Ph. BARBIER

Hommage de profonde reconnaissance.

PREMIÈRE THÈSE.

SUR LES

COMBINAISONS ORGANOMAGNÉSIENNES MIXTES

ET LEUR APPLICATION

A DES SYNTHÈSES D'ACIDES, D'ALCOOLS ET D'HYDROCARBURES.

INTRODUCTION.

De toutes les combinaisons organométalliques actuellement connues, les seules qui aient pu servir jusqu'ici de bases à des méthodes de synthèses sont celles du sodium, du mercure et surtout celles du zinc. Encore les deux premiers groupes n'ont-ils pu être utilisés que dans un petit nombre de cas et sans conduire à des méthodes susceptibles d'une grande généralisation (¹). Il n'en est plus de même pour les combinaisons organozinciques qui, depuis les belles recherches de Frankland, ont constitué pendant près d'un demi-siècle, entre les mains des chimistes, un merveilleux instrument de synthèse.

Pour mettre ce fait en évidence, il me suffira de rappeler brièvement les principales méthodes basées sur l'emploi des combinaisons organozinciques :

1° Action des dérivés halogénés conduisant au remplacement de l'halogène par le résidu hydrocarboné soudé au zinc.

(¹) Je laisse de côté ici les composés du type éther acétylacétique sodé et les cyanures métalliques qui présentent un caractère particulier et une importance considérable.

Cette méthode a permis surtout de réaliser des synthèses d'hydrocarbures et a été appliquée principalement par Wurtz ([1]), Lieben et Bauer ([2]), Friedel et Ladenbourg ([3]), Paterno et Spica ([4]), Radziszewski ([5]), etc. ;

2° Action de l'oxalate d'éthyle pour laquelle, il est vrai, on emploie directement le mélange de l'iodure alcoolique avec le zinc ; c'est la méthode de Frankland et Duppa (1863) qui fournit des oxyacides α ;

3° Action des chlorures d'acides, conduisant suivant les conditions de l'opération, soit à des cétones, méthode de Freund (1861), généralisée par Popoff, soit à des alcools tertiaires, méthode de Boutlerow (1864). Ces deux méthodes exigent la préparation préalable des composés organozinciques.

Saytzeff a essayé ([6]), à la vérité, de modifier la méthode de Freund en faisant réagir un mélange d'éther halogéné et d'anhydride d'acide sur le zinc-sodium, mais cette tentative n'a pas été généralisée ;

4° Action des éthers d'acides monobasiques sur les éthers halogénés en présence du zinc ; c'est la méthode de Wagner-Saytzeff (1875), qui permet d'obtenir des alcools secondaires ou tertiaires, mais dont les rendements sont médiocres et la généralisation très limitée ;

5° Action des combinaisons organozinciques sur les aldéhydes pour la préparation d'alcools secondaires, méthode de Wagner (1876), étendue par Saytzeff à la synthèse d'alcools tertiaires par action du zinc sur un mélange d'une cétone et d'un éther halogéné ;

6° Action des dérivés halogénés des éthers d'acides gras monobasiques sur les cétones en présence du zinc ; c'est la méthode de Reformatsky qui conduit difficilement à des acides-alcools.

([1]) *Bull. Soc. chim.*, p. 51 ; 1863 ; t. I, p. 99 ; 1867 ; t. II, p. 83 ; 1869.

([2]) *Liebig's Ann.*, t. CXXIII, p. 131, et t. CLXXVIII, p. 14.

([3]) *Bull. Soc. chim.*, t. I, p. 65 ; 1867.

([4]) *Berichte*, t. IX, p. 581 ; t. X, p. 294, 1746.

([5]) *Berichte*, t. IX, p. 260.

([6]) *Jahresbericht*, p. 618 ; 1870.

On peut dire, d'une façon générale, que lorsqu'on peut éviter la préparation préalable des combinaisons organozinciques,
les rendements sont médiocres, sinon dérisoires; dans les autres
cas où cette préparation est nécessaire, elle entraîne, comme on
sait, une manipulation assez longue, difficile et même dange-
reuse, en raison de la facilité avec laquelle s'enflamment les
composés organozinciques.

Aussi était-il du plus grand intérêt de remplacer ces composés
par d'autres, faciles à préparer directement, plus maniables et
présentant des aptitudes réactionnelles au moins égales. Les
nombreuses recherches entreprises sur les combinaisons organiques des différents métaux n'avaient fourni aucune indication dans ce sens, et le zinc semblait devoir rester sans partage
le métal par excellence des synthèses au moyen de combinaisons organométalliques.

En 1898, M. Ph. Barbier [1], employant la méthode de Saytzeff, fit réagir sur la méthylhepténone naturelle

$$CH_3-\overset{\overset{\textstyle CH_3}{|}}{C}=CH-CH_2-CH_2-CO-CH_3,$$

l'iodure de méthyle en présence du magnésium. Il obtint un
alcool tertiaire, le diméthyl-2-6 heptène-2 ol-6

$$CH_3-\overset{\overset{\textstyle CH_3}{|}}{C}=CH-CH_2-CH_2-\overset{\overset{\textstyle CH_3}{|}}{C}(OH)-CH_3,$$

d'après le processus habituel de la méthode employée. Seulement, il y avait là un fait nouveau.

En effet, d'une part, les combinaisons organozinciques, en
réagissant sur les cétones, ne donnent pas d'alcools tertiaires [2],
et d'autre part, la méthode de Saytzeff ne s'applique pas aux
cétones en $-CO-CH_3$ qui se condensent généralement avec
perte d'eau [3]; il n'y a qu'une seule exception : c'est lorsque

---

[1] *Comptes rendus*, t. CXXVIII, p. 110.
[2] G. WAGNER et A. SAYTZEFF, *Liebig's Ann.*, t. CLXXV, p. 361.
[3] A. TSCHEBOTAREFF et A. SAYTZEFF, *J. für prakt. Ch.*, p. 194; 1886.

l'éther halogéné introduit en réaction est le bromure ou l'iodure d'allyle.

Il était donc particulièrement intéressant de rechercher dans quelle mesure cette réaction pouvait être généralisée, d'étudier, en un mot, quels avantages pouvait présenter la substitution du magnésium au zinc, et, sur les conseils de mon maître, j'entrepris ce travail.

Je reconnus bientôt que le magnésium présentait des aptitudes réactionnelles supérieures à celles du zinc, qui permettaient de l'employer dans beaucoup de cas où le zinc ne réagissait pas, mais qui, par contre, rendaient la réaction souvent difficile à régler et déterminaient presque toujours la production abondante de produits de polymérisation.

Je songeai alors à revenir à la méthode de Wagner, c'est-à-dire à préparer isolément les combinaisons organomagnésiennes. Les faits déjà connus sur ce sujet n'étaient cependant guère encourageants.

Les composés organométalliques du magnésium ont été étudiés par Hallwachs et Schafarik [1], Cahours [2] et, plus récemment, par Löhr [3], par Fleck [4] et par Waga [5].

Cahours décrit le magnésium-méthyle et le magnésium-éthyle comme des liquides très volatils, inflammables à l'air; mais ce savant annonce que le magnésium attaque vivement à froid les iodures de méthyle et d'éthyle; ce seul fait prouve qu'il n'a eu entre les mains que du magnésium très impur et, par suite, il a dû en être de même pour les produits de la réaction.

En opérant sur du magnésium suffisamment pur, Löhr a reconnu, au contraire, comme j'ai eu l'occasion de le faire moi-même, que ce métal n'attaque pas sensiblement l'iodure de

[1] *Liebig's Ann.*, t. CIX, p. 206.
[2] *Ann. de Chim. et de Phys.*, p. 17; 1860.
[3] *Liebig's Ann.*, t. CCLXI, p. 72.
[4] *Liebig's Ann.*, t. CCLXXVI, p. 129.
[5] *Liebig's Ann.*, t. CCLXXXII, p. 320.

méthyle à la température ordinaire. Pour réaliser complètement la réaction, il dut chauffer en tube scellé à 110° pendant quarante à cinquante heures et il obtint, en dehors de la formation d'une importante quantité d'éthane, une masse solide grisâtre qui s'échauffe fortement à l'air, réagit violemment sur l'eau, mais n'abandonne rien par chauffage jusqu'à 330°, et qui doit répondre à la formule CH^3MgI. J'aurai d'ailleurs l'occasion de revenir sur ce composé.

Dans l'espoir d'isoler le magnésium-méthyle, Löhr chauffa le mercure-méthyle avec du magnésium en tube scellé. Il obtint, sans production d'aucun gaz, une masse jaune grisâtre répondant, après séparation du mercure mis en liberté, à la formule $Mg(CH^3)^2$. Cette substance s'enflamme à l'air et même dans le gaz carbonique sec, et brûle avec une flamme pétillante en dégageant une grande quantité de chaleur; elle réagit sur l'eau et sur l'alcool avec incandescence et dégagement abondant de gaz; chauffée dans un courant d'hydrogène sec, elle se décompose à 245° en donnant naissance à un gaz qui paraît être de l'éthane.

L'action de l'iodure d'éthyle conduisit Löhr à des résultats absolument parallèles.

Fleck reprit les expériences de Löhr et essaya sans succès d'employer les alliages de magnésium avec le zinc ou le cadmium; il dut revenir, comme son devancier, à l'amalgame de magnésium qui lui donna, d'ailleurs, les mêmes résultats. Il reconnut, en outre, que le magnésium-méthyle et le magnésium-éthyle étaient solubles dans un mélange anhydre d'éther et de benzène et il étudia l'action du chlorure d'acétyle sur ces composés. Avec le magnésium-méthyle, il obtint le triméthylcarbinol impur, mais le magnésium-éthyle ne lui donna pas trace de méthyldiéthylcarbinol, comme cela aurait dû avoir lieu normalement, et il ne put identifier les produits de la réaction. Waga précisa seulement les conditions de la préparation du magnésium-diphényle par la méthode de Fleck et mit en évidence ses aptitudes réactionnelles par un certain nombre de synthèses.

Il n'y avait donc rien à attendre des méthodes déjà employées, puisqu'elles conduisaient à des produits solides, d'une manipulation délicate, se prêtant très mal aux réactions et très difficiles à préparer en quantités un peu importantes.

Restait une méthode essayée autrefois par Frankland [1] et par Wanklyn [2] pour la préparation des combinaisons organozinciques. En chauffant à 100°, pendant huit heures, un mélange de zinc, d'iodure de méthyle et d'éther anhydre, Frankland avait obtenu un produit volatil présentant sensiblement les mêmes propriétés que le zinc-méthyle et pour lequel il avait conclu à la formule $Zn(CH^3)^2, O(C^2H^5)^2$.

Wanklyn, à son tour, avait remarqué que la réaction du zinc sur l'iodure de méthyle était beaucoup facilitée par la présence d'éther anhydre, mais qu'il fallait cependant opérer toujours en tube scellé. On obtenait ainsi une solution éthérée riche en zinc-méthyle, qui s'y trouvait contenu sous forme de la combinaison découverte par Frankland. Cependant une forte proportion de composé organométallique restait dans la masse solide engendrée par la réaction; on se trouvait donc encore dans l'obligation de distiller, au lieu d'avoir tout simplement à séparer l'iodure de zinc par décantation, comme on aurait pu l'espérer.

Avec un métal tel que le magnésium, plus électropositif que le zinc et d'affinités plus vives, on pouvait s'attendre à ce que la réaction précédente se fît plus aisément et plus complètement.

C'est, en effet, ce qu'a montré l'expérience, puisque j'ai constaté qu'en présence d'éther anhydre le magnésium attaque l'iodure de méthyle à la température ordinaire et que cette réaction, qui est totale, conduit uniquement à un produit soluble dans l'éther.

J'ai été ainsi amené à préparer un certain nombre de nouvelles combinaisons organomagnésiennes que le présent mé-

---

[1] *Philos. Transactions*, p. 417; 1859.
[2] *J. of the chem. Soc.*, p. 253; 1861.

moire a pour but de faire connaître, ainsi que quelques-unes de leurs applications.

Mais avant d'aborder l'exposition de mes recherches, qu'il me soit permis de présenter à mon vénéré maître, M. le professeur Barbier, le respectueux hommage de ma profonde reconnaissance pour les excellents conseils et les encouragements qu'il n'a cessé de me prodiguer avec une complaisance inaltérable et la plus grande bienveillance.

Je tiens également à adresser mes remercîments à MM. Perroy et Moreau, préparateurs de Chimie générale, qui ont bien voulu m'aider dans la partie analytique de ce travail, ainsi qu'à M. Morel, préparateur de Minéralogie, qui s'est chargé pour moi d'une étude cristallographique.

Pour la commodité de l'exposition, je diviserai ce travail en cinq Chapitres. Dans le premier, je présenterai l'état actuel de mes recherches sur les combinaisons organomagnésiennes; dans les deuxième, troisième et quatrième, j'étudierai l'action de ces combinaisons sur les aldéhydes, les cétones et les éthers d'acides organiques monobasiques; enfin, le cinquième Chapitre sera consacré à l'étude de quelques hydrocarbures obtenus au cours des recherches précédentes.

CHAPITRE I.

Formation des combinaisons organomagnésiennes. — Si l'on met en présence de l'iodure de méthyle et de la tournure de magnésium ([1]), il ne se produit que très lentement, à froid, une réaction qui détermine peu à peu l'empâtement de la masse. Mais si à l'iodure de méthyle on ajoute environ volume égal d'éther anhydre ([2]), on voit presque immédiatement se produire en différents points, autour du magnésium, un louche brunâtre (blanc dans le cas des éthers bromhydriques), accompagné d'une très faible effervescence, qui est due, sans doute, à un échauffement local. Puis la réaction s'étend rapidement, des flocons blancs apparaissent, et tout le liquide entre en vive ébullition. On est alors obligé de modérer la réaction en refroidissant et en ajoutant de l'éther anhydre. L'ébullition se calme, les flocons blancs augmentent encore pendant un instant, puis disparaissent presque instantanément, la liqueur redevient parfaitement limpide et la réaction reprend avec une énergie nouvelle. La dissolution du magnésium se poursuit alors régulièrement, et il ne reste bientôt plus (si l'iodure de méthyle était en quantité suffisante) qu'une solution très fluide et à peu

---

([1]) La tournure de magnésium que j'emploie de préférence a 3^{mm} de largeur et $0^{mm},6$ d'épaisseur. Tourné sous ces dimensions, le métal ne donne pas un ruban, mais se déchire sous l'outil en copeaux très déchiquetés et présentant, par suite, une grande surface.

([2]) Il est indispensable, pour obtenir de bons résultats, que l'éther soit parfaitement anhydre; ainsi l'éther ordinaire ne provoque aucune réaction; si on l'a agité préalablement avec du chlorure de calcium, la réaction s'amorce lentement, et le louche persiste assez longtemps. Il faut donc de l'éther anhydre et conservé sur le sodium.

près incolore, tenant en suspension une faible quantité d'une poussière noire (¹), très ténue, qui lui donne par agitation une teinte ardoisée, mais qui se dépose entièrement lorsqu'on laisse reposer.

Le liquide obtenu s'altère rapidement à l'air humide en se recouvrant d'une croûte de magnésie; projeté dans l'eau, il s'y décompose violemment en donnant un dépôt abondant de magnésie (²). Le gaz carbonique sec l'attaque en donnant un précipité cristallin. Il réagit énergiquement sur les aldéhydes, les cétones, les anhydrides d'acides, les chlorures d'acides, les éthers-sels, etc. Ces caractères montrent bien que nous sommes en présence de la solution éthérée d'un composé organométallique.

J'ai constaté que la même réaction se produisait, et dans les mêmes conditions que pour l'iodure de méthyle, avec les iodures d'isopropyle, de butyle tertiaire et d'hexyle secondaire, avec les bromures d'éthyle, de propyle, d'isobutyle, d'isoamyle et de benzyle, et il est vraisemblable qu'elle doit avoir lieu avec beaucoup d'autres éthers halogénés des alcools.

Bien plus, j'ai reconnu qu'on obtenait encore les mêmes résultats avec le bromobenzène et le bromonaphtalène, ce qui semble indiquer que les éthers halogénés des phénols peuvent, d'une façon générale aussi, entrer en combinaison avec le magnésium. J'étudie actuellement cette nouvelle série de composés, en collaboration avec M. Tissier; je ne m'occuperai ici que des premières.

Préparation. — L'expérience montre que la réaction entre

(¹) Cette poussière noire, séparée par décantation, se dissout facilement dans l'acide chlorhydrique dilué, et la solution présente tous les caractères du fer; elle est donc due à une trace de fer qui existe comme seule impureté dans le magnésium employé; nous n'aurons pas à nous en préoccuper.

(²) Ceci explique les flocons blancs qui se produisent au début de l'opération; ils proviennent d'une trace d'humidité qu'on n'arrive jamais à éviter complètement et qui réagit sur les premières portions du composé organométallique.

le magnésium et l'iodure de méthyle, par exemple, se passe très exactement entre un atome de magnésium et une molécule d'éther halogéné ; si l'on emploie ces proportions, le magnésium disparaît complètement, tandis que, si l'on met un excès du métal, on le retrouve, à la fin, absolument inaltéré.

Voici, en conséquence, le mode de préparation que j'ai adopté :

L'appareil, très simple, se compose d'un ballon d'un litre environ de capacité, surmonté d'un bouchon percé de deux trous qui portent, le premier un tube à brome, et le second un tube coudé permettant de le relier à un bon réfrigérant ascendant.

Tout le système étant bien sec, on met dans le ballon un atome de magnésium en tournure (24^{gr}), et on l'adapte au reste de l'appareil. D'autre part, on a fait un mélange à volumes égaux d'une molécule de l'éther halogéné considéré et d'éther anhydre ; on en fait tomber, au moyen du tube à brome, 40 à 50^{cm3}, de façon à recouvrir simplement le magnésium. Avec les termes inférieurs, la réaction se déclare immédiatement ; avec les termes plus élevés, il faut parfois chauffer très légèrement ; la chaleur de la main suffit en général.

Lorsque la réaction est bien amorcée, on fait tomber assez rapidement par le tube à brome 250 à 300^{gr} d'éther anhydre, et l'on arrose en même temps le ballon, s'il y a lieu, par un courant d'eau froide. La réaction prend bientôt une allure régulière, et il n'y a plus qu'à l'entretenir en faisant tomber goutte à goutte le reste du mélange réactionnel. Quand l'introduction est terminée et que l'ébullition a cessé, on chauffe pendant une demi-heure au bain-marie pour parachever l'opération.

Un premier avantage de cette combinaison organométallique, et très important, c'est qu'on peut l'utiliser directement dans l'appareil même où on vient de la produire. Il suffit, par exemple, d'y faire tomber goutte à goutte une molécule d'une aldéhyde ou d'une cétone pour obtenir, par une vive réaction, une combinaison que l'eau décomposera en donnant un alcool secondaire ou tertiaire, avec un rendement moyen de 60 à

70 pour 100, calculé par rapport à l'aldéhyde ou par rapport à l'éther halogéné.

Mais, avant d'entrer dans le détail des applications des combinaisons organomagnésiennes, une question se pose tout d'abord : c'est l'étude des propriétés les plus immédiates de ces nouveaux composés et la recherche de leur constitution.

Voyons donc, en premier lieu, quelles sont les formules qui permettent d'expliquer la réaction précédente. Il y en a deux :

I. $$CH^3I + Mg = CH^3MgI$$

II. $$2CH^3I + 2Mg = (CH^3)^2Mg, MgI^2$$

Il est évident, en effet, que, dans la seconde réaction, nous ne pouvons avoir $(CH^3)^2Mg + MgI^2$; les récentes recherches de Löhr [1] et de Fleck [2] ont montré que le magnésium méthyle était un corps solide insoluble ou très peu soluble dans l'éther ; d'autre part, l'iodure de magnésium est lui-même extrêmement peu soluble dans l'éther anhydre (j'ai trouvé 0,198 pour 100 à 17°) ; nous aurions, pour chacune de ces raisons, un précipité. Nous nous trouvons donc en présence de deux formules, comme dans le cas des combinaisons organozinciques : la formule de Frankland et celle de Gladstone et Tribe [3].

Quelle que soit celle que nous adoptions, il est un fait certain, c'est qu'elles conduisent toutes deux à cette conséquence que, par l'action de l'eau, nous devons recueillir une molécule d'hydrocarbure saturé (de méthane dans le cas considéré) par molécule d'éther halogéné employée :

$$2CH^3MgI + 2H^2O = 2CH^4 + MgI^2 + Mg(OH)^2$$

$$(CH^3)^2Mg, MgI^2 + 2H^2O = 2CH^4 + MgI^2 + Mg(OH)^2$$

Il était utile de faire au préalable cette constatation.

Action de l'eau. — Pour étudier l'action de l'eau, j'ai fait réagir sur 2^{gr} de tournure de magnésium l'iodure de méthyle en léger excès, de façon que la dissolution du métal fût abso-

---

[1] *Liebig's Ann.*, t. CCLXI, p. 72.
[2] *Liebig's Ann.*, t. CCLXXVI, p. 129.
[3] *Chem. Society*, p. 448 ; 1873.

lument complète. J'ai opéré dans l'appareil précédemment décrit et, lorsque la réaction a été terminée, j'ai chassé, aussi bien que possible, l'air qui pouvait rester, en distillant rapidement une certaine quantité de l'éther employé, sans refroidir le réfrigérant. D'autre part, j'avais disposé à la suite l'un de l'autre deux flacons : le premier vide, le second constituant un barboteur à acide sulfurique adapté, par son tube de dégagement, au récepteur à potasse d'un appareil à dosage d'azote. Dans le système ainsi constitué, j'ai fait passer un courant de gaz carbonique jusqu'à disparition complète de l'air, puis j'ai mis le flacon vide en communication avec l'extrémité libre du réfrigérant qui terminait le ballon contenant le composé organométallique.

Mon appareil se trouvait alors constitué de la manière suivante : 1° le ballon où s'était effectuée la réaction ; 2° un réfrigérant ascendant ; 3° un flacon vide refroidi jouant le rôle de flacon de sûreté et de condenseur pour l'éther entraîné ; 4° un flacon laveur à acide sulfurique, chargé d'arrêter les dernières portions d'éther ; 5° le récepteur à potasse. Ce dernier appareil, grâce à son dispositif bien connu, me permettait de faire varier, avec la plus grande facilité, la pression dans tout l'ensemble, et, par suite, d'introduire très aisément de l'eau sur le composé organométallique et de recueillir les gaz dégagés.

J'ai donc fait tomber de l'eau, peu à peu, au moyen du tube à brome et, lorsque la décomposition a été terminée, j'ai balayé tout l'appareil par un courant de gaz carbonique.

J'ai recueilli ainsi 1690^{cm^3} de gaz, la théorie exigeant 1860 [1], soit tout près de 91 pour 100. C'est du méthane sensiblement pur. En effet, l'absorption par l'alcool amylique, faite d'après les indications de Friedel et Gorgeu [2], donne un coefficient voisin de $\frac{1}{2}$ $(o,45)$, et il reste un résidu non absorbable de 2,5 pour 100.

---

[1] En supposant le magnésium pur; il ne titre, en réalité, que 99,1 à 99,4 pour 100.

[2] *Comptes rendus*, p. 592; 1898.

L'analyse eudiométrique du gaz régénéré de la solution amylique a donné les résultats suivants :

$$\begin{aligned}
\text{Volume du gaz} &\ldots\ldots\ldots\ldots\ldots\ldots\ldots && 2,22 \\
\text{Oxygène} &\ldots\ldots\ldots\ldots\ldots\ldots\ldots && 9,60 \\
\text{Après explosion} &\ldots\ldots\ldots\ldots\ldots\ldots && 7,69 \\
\text{Après potasse} &\ldots\ldots\ldots\ldots\ldots\ldots && 5,66
\end{aligned}$$

d'où

$$\begin{aligned}
\text{Volume disparu } V &= 4,13, \\
CO^2 &= 2,03, \\
H^2O &= 3,82,
\end{aligned}$$

ce qui conduit à la formule

$$C^{1,013} H^{3,93},$$

ou sensiblement

$$CH^4.$$

On a en outre :

$$\frac{V}{CO^2} = 2,03, \qquad \frac{V}{H^2O} = 1,08, \qquad \frac{V}{\text{gaz}} = 1,86,$$

$$\text{Calculé pour } CH^4\ldots \quad 2,00, \qquad\qquad 1,00, \qquad\qquad 2,00.$$

De même l'éthylbromure de magnésium donne de l'éthane pur. L'action de l'eau se passe donc bien conformément aux prévisions théoriques.

État libre. — Occupons-nous maintenant d'isoler le méthyliodure de magnésium à l'état libre.

Si l'on distille l'éther au bain-marie, il reste une masse grisâtre, extrêmement visqueuse, qui retient énergiquement l'éther. Le chauffage pendant deux jours, à 50°, sous une pression de 10 à 12^{mm}, ne modifie pas sensiblement son aspect; j'ai alors élevé la température à 80° et continué de chauffer pendant trois jours en agitant fréquemment pour renouveler les surfaces.

Dans ces conditions, les portions disséminées sur les parois du ballon, sous une faible épaisseur, se sont bien desséchées en prenant une teinte légèrement jaunâtre, mais la couche inférieure est encore constituée par un mastic qu'il est impossible d'extraire sans casser le ballon.

La portion desséchée s'altère rapidement à l'air en s'échauffant fortement, et elle réagit avec une grande violence sur l'eau.

Soumise à l'analyse, elle a donné les résultats suivants :

	I.	II.
Matière	0,3487	0,5179
$P^2O^7Mg^2$	0,1780	»
AgI	»	0,5767

d'où

	Trouvé.	Calculé pour $CH^3MgI + \frac{1}{2}O(C^2H^5)^2$.
Mg	11,03	11,14
I	60,17	58,99

L'éthylbromure de magnésium chauffé pendant douze heures au bain-marie bouillant, sous une pression de 12^{mm}, a donné des résultats analogues :

	I.	II.
Matière	1,3618	0,3642
$P^2O^7Mg^2$	0,8598	»
AgBr	»	0,4247

d'où

	Trouvé.	Calculé pour $C^2H^5MgBr + \frac{27}{10}O(C^2H^5)^2$.
Mg	14,73	15,00
Br	49,62	50,00

Il faut chauffer ces combinaisons dans le vide et pendant plusieurs jours au voisinage de 150°, pour les débarrasser complètement de leur éther. Elles se présentent, à l'état sec, sous forme de masses grisâtres, caverneuses, dont l'aspect rappelle la baryte caustique. Comme je l'ai déjà dit, elles s'altèrent rapidement à l'air en s'échauffant fortement et réagissent sur l'eau avec violence, mais sans incandescence, même lorsqu'on projette à leur surface quelques gouttes d'acide chlorhydrique concentré. Elles ne sont plus sensiblement solubles dans l'éther anhydre.

Sous cette forme, ces composés paraissent identiques à ceux obtenus par Löhr ([1]) en faisant réagir les iodures de méthyle ou d'éthyle sur le magnésium en tube scellé. A la vérité, comme nous le verrons tout à l'heure, ils résistent moins à l'action de la chaleur, mais ce fait doit vraisemblablement être attribué à leur structure poreuse due au dégagement de l'éther pendant la dessiccation.

L'énergie avec laquelle les composés précédents retiennent l'éther permet de supposer qu'ils contiennent une molécule d'éther qui joue le rôle de l'eau de cristallisation. Et ceci n'a rien d'étonnant si l'on remarque la similitude de structure qui existe entre ces corps et l'éther

$$\mathrm{Mg}\!\!<^{CH^3}_{I} \quad \left(\text{ou } \mathrm{Mg}\!\!<^{CH^3}_{CH^3}\right) \quad \text{et} \quad \mathrm{O}\!\!<^{C^2H^5}_{C^2H^5}.$$

C'est un fait analogue à celui observé par Frankland ([2]) qui, en préparant le zinc-méthyle en présence d'oxyde d'éthyle et même d'oxyde de méthyle, obtint les combinaisons $Zn(CH^3)^2$, $O(C^2H^5)^2$ et $Zn(CH^3)^2$, $O(CH^3)^2$. Cette constitution des éthers-oxydes n'est pas sans importance dans la réaction que nous étudions ; en effet, en présence d'autres dissolvants neutres, comme le benzène ou la ligroïne, les éthers halogénés n'attaquent pas le magnésium, tandis que, au contraire, la réaction se fait très bien dans les différents éthers-oxydes, comme je l'ai constaté avec l'oxyde mixte de méthyle et d'isoamyle et même avec l'anisol.

En outre, cette molécule d'éther de cristallisation paraît jouer un rôle important au point de vue des propriétés physiques ; c'est elle qui donne à l'ensemble sa solubilité dans l'éther. Nous avons vu, en effet, un peu plus haut, que le composé organométallique débarrassé de l'éther n'est plus sensiblement soluble dans ce solvant. Mais l'éther de cristallisation n'intervient en rien dans les réactions chimiques, et nous n'aurons pas à nous en occuper à ce sujet.

---

[1] *Liebig's Ann.*, t. CCLXI, p. 72.
[2] *Philos. Transactions*, p. 412; 1859.

Action de la chaleur sur les combinaisons organomagnésiennes. — Löhr ([1]) avait pu chauffer ses combinaisons iodométhylée ou iodéthylée du magnésium jusqu'à 330° sans décomposition. Il n'en est plus de même ici.

Chauffé progressivement au bain d'huile, le méthyliodure de magnésium se décompose brusquement vers 255° en dégageant des fumées blanches et d'abondantes vapeurs violettes d'iode; il distille en même temps une très faible quantité d'un liquide visqueux souillé d'iode. Les vapeurs qui se dégagent et que je n'ai pu recueillir, par suite de la violence de la décomposition, présentent une réaction acide; elles doivent donc contenir de l'acide iodhydrique.

J'ai été plus heureux avec l'éthylbromure de magnésium. Cette combinaison, desséchée au bain-marie dans le vide, puis chauffée progressivement, dégage à partir de 200° des gaz mélangés d'éther et des fumées peu intenses que j'ai recueillis sur le mercure. A 300°, il se produit une violente décomposition, absolument comme dans le cas précédent, avec fumées abondantes acides et distillation de quelques gouttes d'un liquide brun.

Lorsque cette décomposition a cessé, j'ai encore chauffé le ballon jusqu'à 350°, mais il ne s'est plus rien dégagé. Le contenu du ballon n'a pas changé d'aspect. Le gaz recueilli entre 200° et 300° a été soumis à l'analyse.

L'absorption par l'alcool amylique est très irrégulière; le coefficient, qui est de 2,28 pour le premier centimètre cube, tombe à 0,2 à partir du huitième et reste alors sensiblement constant.

L'eau en absorbe à peu près un tiers $\left(\dfrac{33,9}{99,8}\right)$, qui doit être constitué surtout par de la vapeur d'éther.

Le résidu traité par le brome a fourni les résultats suivants :

([1]) *Loc. cit.*

Vol. primitif...................................... 65,90
Après Br.. 19,00
D'où : Carbures incomplets.................. 46,9

Soit 71,17 pour 100 en volume.

Pour l'analyse eudiométrique, j'ai absorbé le gaz par l'alcool absolu en excès et je l'ai régénéré de cette solution.

Voici les résultats obtenus :

Gaz.. 42,6
Oxygène...................................... 227,8
Après explosion.............................. 177,8
Après KOH..................................... 95,8

d'où

Vol. disparu V............................... 92,6
CO^2... 8,
H^2O... 100

ce qui conduit à la formule

$$C^{3,1}H^{10,0},$$

ou sensiblement

$$C^3H^{10} \quad \text{ou} \quad C^3H^8.$$

Mais en considérant les rapports des volumes qui entrent en jeu, on reconnaît immédiatement que la molécule doit être représentée par C^2H^5 et non par C^3H^{10}. On a, en effet :

$$\frac{V}{CO^2} = 1,329 \qquad \frac{V}{H^2O} = 0,926 \qquad \frac{V}{\text{gaz}} = 2,174$$

	$\dfrac{V}{CO^2}$	$\dfrac{V}{H^2O}$	$\dfrac{V}{\text{gaz}}$
Calculé pour C^2H^5....	1,125	0,900	2,25
» C^3H^{10}....	0,875	0,7	3,5

Le gaz analysé se trouve donc être un mélange à volumes égaux d'éthane et d'éthylène.

Pour contrôler ce fait, j'ai régénéré une nouvelle portion du gaz de sa solution alcoolique et je l'ai traité par le brome. Sur 27^{cm},5, 13^{cm^3} ont été absorbés, c'est-à-dire un peu moins de la moitié. Mais il n'y a rien d'étonnant à ce que cette proportion varie avec la quantité d'eau introduite, l'éthylène étant à peu près deux fois plus soluble que l'éthane dans l'alcool absolu et trois fois plus dans l'eau.

J'ai vérifié enfin que le résidu qu'on obtient quand on traite

G.

le gaz, simplement lavé, par le brome, était bien de l'éthane. J'ai trouvé que ce gaz contenait environ un tiers de son volume d'éthane et que le reste était un gaz non hydrocarboné, vraisemblablement de l'air. Il ne paraît pas y avoir d'hydrogène libre.

En résumé, le gaz dégagé par l'éthylbromure de magnésium entre 200° et 300° est formé essentiellement de 7 parties d'éthylène pour 1 partie d'éthane.

Or il semblerait qu'à chaque résidu C^2H^5 transformé en éthylène dût en correspondre un autre réduit en éthane, puisqu'on ne trouve pas d'hydrogène libre; il est loin d'en être ainsi et il manque, comme on voit, une notable proportion d'hydrogène. Je n'ai pas découvert jusqu'à présent la raison de ce phénomène.

Le produit solide qui reste dans le ballon et qui, comme je l'ai déjà dit, a conservé l'aspect primitif, réagit encore énergiquement sur l'eau en donnant un abondant précipité de magnésie colorée en gris par des particules noires très ténues. Si l'on acidule, la magnésie se dissout et il ne reste que le dépôt noir qui paraît être du charbon.

En le filtrant sur un filtre taré, on trouve qu'il n'y en a qu'une quantité insignifiante, généralement inférieure à 0,1 pour 100.

Quant à la portion soluble dans l'eau acidulée, elle a donné à l'analyse les résultats suivants :

Matière......	0,3043	1,5216	0,1484	0,4451
AgBr.......	0,5093	»	0,1469	»
$P^2O^7Mg^2$ ...	»	1,3426	»	0,4008

d'où

	Trouvé.		Calculé pour $MgBr^2$—MgO
Br..................	71,22	70,80	71,43
Mg..................	19,07	19,46	21,43

Le déficit en Mg par rapport à la formule $MgBr^2 + MgO$ peut vraisemblablement être attribué à l'entraînement d'un peu de magnésie par le gaz, au moment où la décomposition est le plus violente; le tube de dégagement se tapisse, en effet, d'un faible dépôt blanc.

L'action de la chaleur sur l'éthylbromure de magnésium pourrait donc s'expliquer, en partie du moins, par la réaction :

$$\left. \begin{array}{l} 2\,C^2H^5\,MgBr \\ \text{ou} \qquad Mg(C^2H^5)^2,MgBr^2 \end{array} \right\} = C^2H^6 + C^2H^4 + MgBr^2 + Mg.$$

Le magnésium mis en liberté, à un état de division extrême, dans cette masse très poreuse, s'oxyde immédiatement en présence de l'air qui reste dans le ballon ou, lorsqu'on le transvase, en donnant MgO ([1]).

Mais les deux gaz recueillis sont loin d'être en quantités équimoléculaires; il se produit donc certainement d'autres réactions, comme en témoigne, d'ailleurs, la présence du charbon.

Quoi qu'il en soit, il ressort de cette étude que les alcoyl bromures ou iodures de magnésium sont complètement décomposés par la chaleur et se comportent par suite bien différemment des combinaisons de même ordre que fournit le zinc.

Constitution des combinaisons organomagnésiennes. — Les propriétés étudiées jusqu'à présent ne nous ont guère renseigné sur la constitution des combinaisons organomagnésiennes. Les seuls faits à retenir, à ce point de vue, c'est qu'elles se forment sans aucun précipité dans l'éther, qu'à l'état libre elles ne s'enflamment pas à l'air et réagissent sur l'eau et même sur les acides sans incandescence, ce qui permet de douter de la présence du groupement $Mg(CH^3)^2$ ou $Mg(C^2H^5)^2$.

L'analyse ne peut fournir aucune indication, puisqu'elle cadre évidemment avec l'une et l'autre formule. Il faudrait pouvoir la compléter par la détermination du poids moléculaire, car la formule $Mg(CH^3)^2,MgI^2$ représente une molécule double de CH^3MgI.

Je n'ai pu m'occuper encore de ce point particulier, mais je

---

[1] Lorsqu'on décompose, en effet, le produit considéré par l'eau, sous une cloche à mercure, on ne recueille qu'une quantité de gaz absolument négligeable.

me propose d'essayer la méthode ébullioscopique en préparant la combinaison organométallique dans un éther oxyde dont j'aurai préalablement déterminé la constante ébullioscopique.

A défaut d'expériences positives, je me suis appuyé sur diverses considérations théoriques déduites des circonstances de formation et du mode de réaction sur différentes fonctions, en particulier sur les aldéhydes et les cétones.

Je viens de rappeler les circonstances de formation; étudions maintenant l'action d'une aldéhyde, par exemple, sur le méthyl-iodure de magnésium.

Si dans la combinaison éthérée obtenue par l'action d'une molécule d'iodure de méthyle sur un atome de magnésium, on fait tomber peu à peu une molécule d'une aldéhyde, on formera une combinaison qui, traitée par l'eau, fournira $0^{mol},6$ à $0^{mol},7$ de l'alcool secondaire cherché.

Si la molécule du composé organomagnésien est

$$(CH^3)^2Mg, MgI^2,$$

il est évident, d'après ce que l'on sait déjà sur les composés organométalliques, que la partie active sera simplement

$$(CH^3)^2Mg$$

et par suite, pour exprimer les résultats précédents dans les deux hypothèses que nous discutons, nous aurons les deux systèmes d'équations suivants :

$$
\text{I.}\ \begin{cases}
(CH^3)^2Mg + R\,CHO = R\,CH{<}^{O\,Mg\,CH^3}_{CH^3} \\[4pt]
R\,CH{<}^{O\,Mg\,CH^3}_{CH^3} + 2H^2O = R\,CH(OH)CH^3 + Mg(OH)^2 + CH^4,
\end{cases}
$$

$$
\text{II.}\ \begin{cases}
CH^3MgI + R\,CHO = R\,CH{<}^{O\,Mg\,I}_{CH^3} \\[4pt]
2\,R\,CH{<}^{O\,Mg\,I}_{CH^3} + 2H^2O = 2\,R\,CH(OH)CH^3 + MgI^2 + Mg(OH)^2.
\end{cases}
$$

La simple inspection de ces formules montre que :

1° Dans le premier cas seulement le traitement par l'eau doit provoquer un dégagement gazeux.

2° Dans le second cas, la combinaison qui prend naissance contient tout l'élément halogène introduit; dans le premier cas, au contraire, elle n'en contient pas trace, car il paraît très vraisemblable d'admettre que si le groupement MgI^2 préexistait dans la combinaison organomagnésienne, il se déposerait au moment de la copulation avec l'aldéhyde ou la cétone;

3° Le rendement théorique est, avec la première formule, de $\frac{1}{2}$ molécule par molécule d'éther halogéné employé, tandis qu'avec la seconde formule ce rendement est de 1^{mol}.

Or voici les faits observés :

1° En traitant par l'eau les combinaisons obtenues avec les aldéhydes ou les cétones, il ne se dégage jamais aucun gaz;

2° Certaines de ces combinaisons sont entièrement solubles dans l'éther; il n'y a donc pas d'iodure de magnésium libre. D'autres, au contraire, sont parfaitement cristallisées et on n'y voit qu'un seul système de cristaux; il ne paraît donc pas y avoir d'iodure de magnésium de déposé en même temps. J'ai d'ailleurs choisi, parmi ces combinaisons, celle qui paraissait le mieux cristallisée, obtenue par l'action de l'acétone sur le méthyliodure de magnésium, et je l'ai analysée après un séjour de vingt-quatre heures dans le vide sec; voici les résultats obtenus :

	I.	II.
Matière..........	1,9014	0,5185
$P^2O^7Mg^2$	0,7431	»
AgI.............	»	0,4258

d'où

	Trouvé.	Calculé pour $C^3H^8OMgI + 62^{\text{mol}}O(C^2H^5)^2$
Mg	8,45	8,39
I	14,38	14,41

Cette combinaison doit donc cristalliser avec une molécule d'éther et répondre à la formule

$$\begin{matrix} CH^3 \\ CH^3 \end{matrix}\!\!>\!\!C\!\!<\!\!\begin{matrix} OMgI \\ CH^3 \end{matrix} + O(C^2H^5)^2$$

3° Enfin, les excellents rendements obtenus, qui varient généralement de $0^{mol},6$ à $0^{mol},8$ d'alcool par molécule d'éther halogéné et dépassent même assez souvent cette dernière valeur, ne laissent aucun doute que la seconde hypothèse est seule acceptable.

Il est presque inutile d'ajouter que toutes les autres réactions des combinaisons organomagnésiennes sur les éthers-sels, sur les chlorures d'acides, sur les anhydrides d'acides, etc., sont parfaitement d'accord avec cette manière de voir.

En résumé, les combinaisons organomagnésiennes préparées dans l'éther anhydre présentent les propriétés suivantes :

1° Elles sont solides et non spontanément inflammables à l'air ;

2° Elles se forment sans mise en liberté d'iodure ou de bromure de magnésium ;

3° Leur copulation avec les aldéhydes ou les cétones ne provoque pas non plus le dépôt de ces mêmes sels ; la combinaison formée renferme tout l'halogène introduit et elle se décompose par l'action de l'eau, en donnant un alcool secondaire ou tertiaire sans dégagement d'aucun gaz ;

4° Le rendement de ces opérations par rapport à l'éther halogéné employé est supérieur à 50 pour 100.

Toutes ces raisons concourent à faire adopter pour ces combinaisons la formule générale

$$RMgI \quad ou \quad RMgBr,$$

dans laquelle R représente un résidu alcoolique saturé gras ou aromatique, ou même un résidu phénolique, comme cela résulte de mes récentes recherches en collaboration avec M. Tissier [1].

Action des éthers halogénés incomplets sur le magnésium en présence d'éther anhydre. — Je n'ai considéré jusqu'à présent que le cas des éthers halogénés saturés ; c'est que, en

---

[1] *Comptes rendus*, t. CXXXII, p. 1182.

effet, si étrange que cela puisse paraître *a priori*, les éthers incomplets se comportent d'une manière très différente vis-à-vis du magnésium.

Lorsqu'on fait réagir le bromure ou l'iodure d'allyle sur le magnésium en présence d'éther anhydre, la réaction, amorcée par un léger chauffage, est très vive au début, mais ne tarde pas à se calmer parce que la combinaison formée est très peu soluble dans l'éther et se dépose au fond du ballon, sous forme d'une couche brune un peu visqueuse. Aussi, pour achever la réaction, est-il nécessaire de chauffer pendant quelques heures au bain-marie.

Lorsqu'on laisse refroidir, la combinaison bromallylée n'abandonne que quelques petits cristaux à la surface de l'éther, mais la portion dissoute dans l'éther de la combinaison iodallylée cristallise en grandes aiguilles aplaties, incolores et très altérables, non seulement à l'air, mais encore au sein même du liquide où elles ont pris naissance.

En outre, on constate qu'il reste une forte proportion de magnésium inaltéré et si on le sépare par décantation, puis qu'on le pèse après lavage à l'éther, on trouve qu'il en reste toujours très sensiblement la moitié.

Les cristaux dont je viens de parler se décomposent superficiellement par lavage à l'éther anhydre; il est donc préférable pour les isoler de les placer immédiatement dans le vide, sur l'acide sulfurique. Leur analyse m'a donné les résultats suivants :

	I.	II.
Matière......	1,1144	0,2747
$P^2O^7Mg^2$	0,3138	»
Ag I..........	»	0,3590

d'où

	Trouvé.	Calculé pour C^3H^5MgI, C^3H^5I.
Mg..........	6,09	6,66
I.............	70,63	70,56

Ainsi la combinaison formée paraît répondre à la formule

$$C^3H^5MgI, C^3H^5I.$$

qui cadre bien avec le fait observé que la réaction ne consomme qu'un demi-atome de magnésium par molécule de bromure ou d'iodure d'allyle.

Si ce composé était simplement une combinaison moléculaire de C^3H^5MgI et de C^3H^5I, il devrait réagir de la même manière que les combinaisons saturées déjà décrites; en outre, l'iodure d'allyle qui se retrouverait mis en liberté, attaquerait vraisemblablement le magnésium inaltéré (dans le cas où l'on a mis un atome de magnésium par molécule d'iodure d'allyle) en régénérant le composé organométallique, de sorte que la réaction pourrait se continuer jusqu'au bout entre une molécule d'iodure d'allyle et une molécule d'aldéhyde, par exemple.

Pratiquement il n'en est rien et les résultats obtenus ici sont généralement médiocres et inférieurs à ceux fournis par l'emploi du zinc dans la méthode de Saytzeff.

Il est donc probable que le composé organométallique qui prend naissance a une constitution plus complexe que celle indiquée plus haut.

Je n'ai pas étudié d'autres éthers halogénés incomplets que les précédents, mais il y a tout lieu de croire que nous ne sommes pas ici dans un cas particulier et que la réaction se passera de la même manière, au moins toutes les fois que la double liaison sera suffisamment rapprochée de l'atome d'halogène.

Réactions secondaires dans la préparation des combinaisons organomagnésiennes. — J'ai admis jusqu'à présent que la réaction entre les éthers halogénés saturés et le magnésium se passait intégralement d'après l'équation

$$R\,Br + Mg = R\,Mg\,Br.$$

En pratique, il n'en est pas tout à fait ainsi. Une première réaction secondaire, qui se présente dans tous les cas, est due à une trace d'humidité inévitable qui, au début de l'opération, produit le louche et les flocons de magnésie qu'on observe. Ainsi dans une opération sur une molécule de bromure d'éthyle, j'ai pu recueillir jusqu'à 100^{cm3} d'éthane engendré par la réaction suivante :

$$C^2H^5MgBr + H^2O = C^2H^6 + MgBrOH\ [\tfrac{1}{2}MgBr^2 + \tfrac{1}{2}Mg(OH)^2]$$

C'est là, comme on voit, une cause d'erreur à peu près négligeable qui n'atteint pas même $0,5$ pour 100.

Une autre réaction secondaire beaucoup plus importante et que j'ai déjà signalée au début de mes recherches, à propos du benzylbromure de magnésium ([1]), résulte de ce fait que le magnésium possède une certaine tendance à jouer le même rôle que le sodium dans la réaction de Wurtz ou de Fittig, en s'emparant de l'élément halogène et permettant, par suite, la soudure de deux résidus hydrocarbonés en présence :

$$2\,RBr + Mg = MgBr^2 + R — R.$$

Cette réaction est absolument inappréciable avec les premiers termes, mais son importance augmente rapidement avec la condensation en carbone.

Avec le bromure d'isobutyle, on obtient un peu de diisobutyle, mais généralement en quantité trop faible pour pouvoir l'isoler à l'état de pureté. Avec le bromure d'isoamyle, on peut recueillir de 10 à 15 pour 100 de diisoamyle; avec le bromure de benzyle, la proportion de dibenzyle s'élève à 30 ou 35 pour 100, et avec l'iodure d'hexyle secondaire ([2]), elle atteint jusqu'à 50 pour 100 en dihexyle ([3]).

En comparant la réaction précédente à la réaction normale, écrite un peu plus haut, on voit que celle-ci exige un atome de magnésium par molécule d'éther halogéné, tandis que celle-là n'utilise qu'un demi-atome. Je me suis demandé, en conséquence, si, en employant de la tournure de magnésium beaucoup plus fine, présentant, par suite, une surface attaquable plus grande, on n'arriverait pas à diminuer la réaction secondaire

---

([1]) *Comptes rendus*, t. CXXX, p. 1322.

([2]) Tissier et Grignard, *Comptes rendus*, t. CXXXII, p. 835.

([3]) Dans l'action du magnésium sur le bromure ou l'iodure d'allyle, il se fait également une certaine quantité de diallyle.

au profit de la principale. L'expérience, faite sur le bromure de benzyle, a confirmé mes prévisions, mais dans une assez faible mesure.

Quant à employer de la poudre de magnésium, on n'y peut guère songer, car elle est toujours plus ou moins oxydée.

Enfin, un dernier point à signaler sur ce sujet, c'est que la réaction normale se fait moins bien, à condensation en carbone égale, avec les éthers halogénés secondaires qu'avec les primaires et encore moins surtout avec les éthers halogénés tertiaires.

Je n'ai étudié, il est vrai, dans cette dernière catégorie que l'iodure de butyle tertiaire. Pendant toute la réaction, il se dégage un gaz qui fixe le brome et est absorbé par l'acide sulfurique; c'est certainement de l'isobutylène. Il reste, en outre, tout près de la moitié du magnésium introduit. Ceci explique pourquoi je n'ai pas obtenu de résultats appréciables avec cette combinaison.

Mais si l'on considère la facilité avec laquelle l'iodure de butyle tertiaire se décompose sous l'influence des alcalis ou de certains métaux, comme le sodium et le zinc, en acide iodhydrique et isobutylène ([1]), on comprendra qu'il serait prématuré de généraliser.

Action du gaz carbonique sur les combinaisons organomagnésiennes mixtes. Nouvelle méthode de synthèse d'acides organiques monobasiques. — Löhr, Fleck et Waga ([2]) ont constaté que les combinaisons organomagnésiennes symétriques s'enflammaient dans le gaz carbonique. J'ai reconnu, à mon tour, que ce gaz réagissait également sur les combinaisons organomagnésiennes mixtes, mais d'une façon modérée, ce qui m'a permis d'étudier la réaction.

Si l'on fait passer un courant de gaz carbonique dans une

([1]) BOUTLEROW, *Zeitschrift für Chemie*, p. 362; 1867. — DOBBIN, *Chem. Society*, t. XXXVII, p. 236.

([2]) *Liebig's Ann.*, t. CCLXI, p. 72; t. CCLXXVI, p. 129; t. CCLXXXII, p. 320.

solution éthérée de méthyliodure de magnésium, on constate qu'il se fait immédiatement un dépôt cristallin qui ne tarde pas à empâter tout le liquide.

Cette réaction terminée, si l'on traite par la glace pilée, puis qu'on acidifie nettement par l'acide sulfurique, l'extraction à l'éther permet d'isoler facilement de l'acide acétique que j'ai caractérisé par ses propriétés acides, son odeur, son point d'ébullition et sa transformation en éther acétique.

J'ai constaté de même la formation d'acide isovalérianique au départ de l'isobutylbromure de magnésium. La réaction paraissait donc générale ; je l'ai alors étudiée quantitativement sur un terme encore plus élevé, sur l'isoamylbromure de magnésium.

J'ai préparé à la manière habituelle une demi-molécule de ce composé, puis j'ai fait barboter dans la solution éthérée un courant de gaz carbonique sec, amené par un tube assez large. Il se forme peu à peu un dépôt cristallin qui obstrue partiellement le tube à dégagement, puis il se sépare une couche grise, peu visqueuse, dans laquelle précipite une faible quantité de cristaux. Au bout de cinq heures, il ne paraît plus se produire aucune modification.

J'ai alors décomposé sur la glace : il ne précipite qu'une quantité relativement faible de magnésie qu'on dissout en ajoutant, goutte à goutte, de l'acide sulfurique à 25 pour 100, de façon que la liqueur reste plutôt légèrement alcaline (¹).

On décante la couche éthérée, on la lave avec un peu d'eau pure et on distille l'éther ; il reste un résidu de 5^{gr} qui passe à peu près intégralement à $155°$-$160°$ et n'attaque pas sensiblement le sodium ; c'est du diisoamyle.

La portion aqueuse séparée tout à l'heure est acidifiée par 100 à 120^{gr} d'acide sulfurique à 25 pour 100 (un peu plus de $\frac{1}{4}$ de molécule), puis extraite trois fois à l'éther. Tout cet éther

---

(¹) On peut aussi bien acidifier en présence de l'éther, mais il faudra alors agiter cet éther avec du bicarbonate de soude pour le débarrasser de l'acide isocaproïque libre.

est lavé avec très peu d'eau pure, puis distillé. Le résidu, rectifié à la pression ordinaire, passe tout entier entre 190° et 200°, et à la seconde distillation j'obtiens 32^{gr} bouillant nettement à 197° sous 750^{mm}. Ce liquide incolore, de caractère nettement acide, d'odeur de sueur et en même temps un peu butyreuse, est de l'acide isocaproïque (le point d'ébullition indiqué pour cet acide est 199°,7). Le rendement est de 55 pour 100.

J'ai achevé d'identifier cet acide par son analyse et par sa transformation en éther éthylique.

Analyse :

Matière	0,2719
CO_2	0,6169
H_2O	0,2607

d'où

	Trouvé.	Calculé pour $C^6H^{12}O^2$.
C	61,79	62,07
H	10,65	10,34

En chauffant cet acide pendant six heures au bain-marie avec 2 parties d'alcool à 95° et $\frac{1}{2}$ de partie d'acide sulfurique, j'ai obtenu l'isocaproate d'éthyle bouillant à 160°-162° sous 747^{mm} (point indiqué 160°,4).

Son analyse a donné les résultats suivants :

Matière	0,2945
CO_2	0,7158
H_2O	0,3005

d'où

	Trouvé.	Calculé pour $C^8H^{16}O^2$.
C	66,29	66,66
H	11,33	11,11

On voit donc qu'il y a là une méthode pratique de préparation des acides monobasiques, applicable vraisemblablement, non seulement dans la série grasse, mais encore dans la série aromatique, et qui pourra être assez souvent préférable à la méthode au cyanure de potassium.

L'interprétation théorique de cette réaction me paraît être la suivante :

$$R\,MgBr + CO_2 = CO\begin{cases} O\,MgBr \\ R \end{cases}$$

$$RCO.O\,MgBr + H_2O = RCO.OH + MgBrOH$$

ou bien

$$2R.CO.O\,Mg\,Br + Aq = (R\,CO^2)^2\,Mg + Mg\,Br^2 + Aq.$$

Cette réaction rapproche les combinaisons organomagnésiennes des combinaisons organosodiques, qui fixent également le gaz carbonique pour donner naissance à des acides de condensation en carbone supérieure d'une unité à celle du radical hydrocarboné d'où l'on est parti ([1]). Il y a cependant lieu de faire cette remarque, c'est qu'avec le sodium, la méthode n'a, dans la plupart des cas, qu'un intérêt théorique.

Je me propose d'étudier l'action sur les combinaisons organomagnésiennes d'un certain nombre d'autres gaz et en particulier de l'anhydride sulfureux, qui fournira vraisemblablement, comme avec les composés organozinciques, des acides sulfiniques, et de l'oxyde de carbone qui conduira, peut-être, à des aldéhydes ou à des cétones ([2]).

État actuel de l'étude des combinaisons organomagnésiennes mixtes. — Si, par leur action sur le gaz carbonique, les composés organomagnésiens se rapprochent des combinaisons sodiques, par leurs autres réactions ils se montrent comparables aux combinaisons organozinciques, mais avec une aptitude réactionnelle beaucoup plus grande.

Et pour bien mettre en évidence l'importance considérable qu'ils ont acquise de ce chef, je vais donner un rapide aperçu des recherches entreprises sur ce sujet, par d'autres chimistes et par moi, depuis ma découverte des combinaisons organomagnésiennes.

1° Les combinaisons organomagnésiennes traitées par l'eau se décomposent en donnant l'hydrocarbure saturé correspon-

---

[1] WANKLYN, *Liebig's Ann.*, t. CVII, p. 125; t. CXI, p. 234. — KEKULÉ, *Liebig's Ann.*, t. CXXXVII, p. 180. — R. MEYER et F. MÜLLER, *Berichte*, t. XV, p. 496, 698, 1903. — WANKLYN et SCHENK, *Liebig's Ann.*, Suppl. 6, p. 120; 1868.

[2] WANKLYN, *Liebig's Ann.*, t. CXL, p. 211.

dant, et cette réaction peut être utilisée pour la préparation de certains hydrocarbures ([1]).

2° Elles fixent le gaz carbonique, comme je viens de le faire voir, et fournissent ainsi une nouvelle méthode de synthèse des acides monobasiques.

3° Avec les aldéhydes et les cétones elles donnent des combinaisons que l'eau détruit en mettant en liberté l'alcool secondaire ou tertiaire correspondant ([2]). Ce sont là deux des points que je vais développer dans les Chapitres suivants.

4° J'ai montré, le premier également ([3]), que par réaction sur les éthers-sels elles conduisaient à des alcools tertiaires, et que cette méthode, comme la précédente, donnait d'excellents rendements.

Cette méthode a été généralisée dans la série grasse par M. Masson ([4]), et dans la série aromatique par MM. Béhal, Tiffeneau et Sommelet ([5]); ces derniers savants ont obtenu surtout des hydrocarbures résultant de la déshydratation des alcools tertiaires cherchés.

M. Valeur ([6]), en étudiant l'action des combinaisons organomagnésiennes sur les éthers d'acides bibasiques, a trouvé qu'elles réagissaient également sur les deux fonctions éther-sel, ce qui n'a pas lieu, comme on sait, par la méthode de Frankland et Duppa (éther oxalique et composés organozinciques). En outre, la méthode n'est plus limitée à l'éther oxalique, mais s'applique aussi à ses homologues supérieurs.

5° En collaboration avec M. Tissier ([7]), j'ai montré que les chlorures d'acides et les anhydrides d'acides conduisent surtout à des alcools tertiaires. Par suite de l'affinité plus grande des combinaisons organomagnésiennes, il paraît difficile de

([1]) Tissier et Grignard, *Comptes rendus*, t. CXXXII, p. 835.

([2]) *Comptes rendus*, t. CXXX, p. 1322.

([3]) *Comptes rendus*, t. CXXXII, p. 136.

([4]) *Comptes rendus*, t. CXXXII, p. 483.

([5]) *Comptes rendus*, t. CXXXII, p. 480.

([6]) *Comptes rendus*, t. CXXXII, p. 833.

([7]) *Comptes rendus*, t. CXXXII, p. 683.

s'arrêter à volonté à la première phase de la réaction de façon à obtenir des cétones comme dans la méthode de Freund.

6° Frankland ([1]) avait émis autrefois l'hypothèse que, par l'action des nitriles sur les composés organozinciques, on pouvait espérer obtenir des cétones; mais les recherches de Frankland et de ses élèves n'aboutirent qu'à des produits de polymérisation des nitriles. Reprenant les idées de Frankland sur ce sujet, M. Blaise ([2]) a fait réagir les nitriles sur les combinaisons organomagnésiennes et a effectivement obtenu des cétones. Le cyanogène lui a donné des cétones symétriques et l'isocyanate de phényle, des anilides.

Enfin, en étendant la méthode aux éthers d'acides cyanés, M. Blaise est arrivé à un nouveau procédé de synthèse d'acides cétoniques.

7° Dans un mémoire sur les réactions des aldéhydes avec les combinaisons organozinciques, Wagner ([3]) conclut que la possibilité de se combiner aux composés organozinciques, pour les corps organiques oxygénés, réside dans la présence d'un groupement CO. M. Mouren ([4]) a montré que « le carbone n'était pas l'élément indispensable auquel l'oxygène devait être lié pour que l'attaque des substances oxygénées fût possible par les dérivés organomagnésiens ». Avec les éthers nitreux, les éthers nitriques et les dérivés nitrés, il a obtenu, en effet, des hydroxylamines disubstituées.

Ces résultats sont d'ailleurs de même ordre que ceux obtenus quelque temps auparavant, au moyen des composés organozinciques, par M. Bewad ([5]).

8° J'avais remarqué, dès le début de mes recherches, que le bromobenzène réagissait facilement sur l'iodure de méthyle en

---

([1]) *Proceedings of the royal Society of London*, t. VIII, p. 506.

([2]) *Comptes rendus*, t. CXXXII, p. 38.

([3]) *J. russ. chem. Gesellschaft*, t. XVI, p. 348.

([4]) *Comptes rendus*, t. CXXXII, p. 837.

([5]) *J. Soc. chim. russe*, t. XXXII, p. 420; *Bull. Soc. chim.*, t. XXVI, p. 232, 234; 1901.

présence d'éther anhydre. Il était très important de vérifier si cette réaction pouvait être généralisée et si elle conduisait au même type de combinaisons que les éthers halogénés des alcools. C'est effectivement ce qui a lieu, comme nous l'avons montré, M. Tissier et moi (¹), et il y a là un nouveau procédé très pratique pour l'introduction de résidus aromatiques dans les combinaisons organiques.

9° Enfin, une autre question extrêmement intéressante se posait encore. Les éthers halogénés des alcools polyatomiques, des glycols en particulier, étaient-ils capables de réagir sur le magnésium en fixant plusieurs atomes de ce métal pour donner des dérivés de la forme

$$R'' \Big\langle \begin{matrix} MgBr \\ MgBr \end{matrix}$$

R″ étant un résidu bivalent contenant au moins deux atomes de carbone?

Les recherches que j'ai entreprises sur ce point, en collaboration avec M. Tissier (²), n'ont malheureusement pas confirmé ces prévisions. Un seul atome de magnésium s'empare des deux atomes d'halogène et le résidu R″ est mis en liberté.

Tous ces travaux, réalisés depuis que j'ai fait connaître les combinaisons organomagnésiennes, c'est-à-dire depuis moins d'une année, témoignent de la merveilleuse facilité avec laquelle ces combinaisons se prêtent aux synthèses organiques et permettent d'espérer qu'elles fourniront encore de nombreux et importants résultats.

Je continue d'ailleurs mes recherches dans des voies diverses.

(¹) *Comptes rendus*, t. CXXXII, p. 1182.
(²) *Comptes rendus*, t. CXXXII, p. 836.

CHAPITRE II.

ACTION DES COMBINAISONS ORGANOMAGNÉSIENNES
SUR LES ALDÉHYDES.

Cette étude correspond à la méthode de Wagner proprement dite, qui consiste, comme on sait, dans l'action des combinaisons organozinciques sur les aldéhydes. L'interprétation théorique est d'ailleurs sensiblement la même dans les deux cas.

Avec les composés organométalliques du zinc, on a :

$$RC\overset{H}{\underset{O}{\big\langle}} + Zn(R')^2 = RC\overset{H}{\underset{R'}{-}OZn\,R'}$$

$$RC\overset{H}{\underset{R'}{-}OZn\,R'} + H^2O = RC\overset{H}{\underset{R'}{-}OH} + Zn\,O + R'H$$

et avec les combinaisons organomagnésiennes :

$$RC\overset{H}{\underset{O}{\big\langle}} + R'MgBr = RC\overset{H}{\underset{R'}{-}OMgBr}$$

$$2\,RC\overset{H}{\underset{R'}{-}OMgBr} + 2\,H^2O = 2\,RC\overset{H}{\underset{R'}{-}OH} + MgBr^2 + Mg(OH)^2$$

La réaction se fait donc toujours en deux phases. Dans la première, il y a combinaison équimoléculaire de l'aldéhyde avec le dérivé organométallique et, dans la seconde phase, l'action de l'eau détruit la combinaison formée en mettant l'alcool secondaire en liberté. Il n'y a qu'un seul cas où cette méthode puisse conduire à des alcools primaires, c'est celui où l'on emploie l'aldéhyde formique. Cette aldéhyde n'a pu,

G.

3

jusqu'à présent, être isolée à l'état pur et sec, mais Tischt-schenko ([1]) a montré qu'on pouvait la remplacer par son trimère, le trioxyméthylène. Quoi qu'il en soit, je n'ai pas étudié jusqu'à présent ce cas particulier.

Nous avons déjà vu avec quelle incomparable facilité se préparent les combinaisons organomagnésiennes ; examinons leur application comparativement avec la méthode de Wagner :

1° La première phase, dans la méthode de Wagner, exige, pour être complète, un temps assez long, de une semaine à deux mois ; au contraire, quelques heures suffisent généralement dans la méthode au magnésium.

2° Au point de vue du rendement, il y a théoriquement, par la première méthode, perte de la moitié de l'éther halogéné d'où l'on est parti ; cela tient à ce que les combinaisons organozinciques sont symétriques, $Zn(R')^2$, et que l'un seulement des radicaux hydrocarbonés est utilisé pour la formation de l'alcool, tandis que l'autre se sépare au moment du traitement par l'eau sous forme d'hydrocarbure $R'H$. La seconde méthode ne présente rien de semblable, en raison même de la constitution des composés organomagnésiens.

3° La méthode de Wagner, quoique lente, donne de bons résultats avec les premiers termes des composés organozinciques, mais dès le zinc-propyle on observe des réactions secondaires dont la plus commune est la réduction pure et simple de l'aldéhyde employée en alcool correspondant ([2]).

On a alors accessoirement les deux réactions suivantes :

$$CH^3CHO + Zn(C^3H^7)^2 = CH^3C{\overset{H}{\underset{H}{\big|}}}O\,Zn\,C^3H^7 + CH^3CH = CH^2.$$

$$CH^3C{\overset{H}{\underset{H}{\big|}}}O\,Zn\,C^3H^7 + H^2O = CH^3CH^2.OH + ZnO + CH^3CH^2CH^3,$$

qui abaissent le rendement d'une façon assez notable.

<hr>

[1] *Berichte*, t. XX, Réf. 704.
[2] Wagner, *Berichte*, t. XVII, Réf. 314.

L'étude qui va suivre montrera, au contraire, qu'on peut aller, avec le magnésium, au moins jusqu'au dérivé amylique avant que ce phénomène se produise.

Je dois signaler enfin à l'actif du zinc que la méthode de Saytzeff a pu être appliquée à un certain nombre d'aldéhydes, mais seulement pour la production d'alcools allylés secondaires, par Wagner ([1]) et surtout par Fournier ([2]). C'est là un point intéressant à retenir, puisque, précisément, comme je l'ai déjà indiqué, les combinaisons bromallylée ou iodallylée du magnésium ne se prêtent que très mal aux synthèses.

Mode opératoire. — Le mode opératoire étant toujours très sensiblement le même, qu'il s'agisse de faire réagir sur les combinaisons organomagnésiennes une aldéhyde, une cétone ou un éther-sel, je le décrirai une fois pour toutes afin de ne pas avoir à y revenir.

Une molécule du composé organométallique étant préparée en solution dans l'éther anhydre, comme je l'ai indiqué précédemment, on refroidit le ballon sous un courant d'eau et l'on y fait tomber goutte à goutte, au moyen de l'entonnoir à robinet qui nous a déjà servi, un mélange à volumes égaux d'éther anhydre et de la quantité d'aldéhyde (1 molécule), de cétone (1 molécule) ou d'éther-sel ($\frac{1}{2}$ molécule) ([3]) qui doit entrer en réaction.

Dans la plupart des cas, cette réaction est très vive, au moins au début; chaque goutte produit en tombant un frémissement de fer rouge et donne naissance généralement à un flocon blanc ou jaunâtre qui, tantôt se redissout immédiatement, tantôt se dépose sous forme de magma cristallin, tantôt enfin vient former au fond du ballon une couche grisâtre plus ou moins visqueuse.

([1]) *Berichte*, t. XXI, p. 3347.
([2]) Thèse de doctorat, Paris, 1898.
([3]) Il s'agit seulement ici des éthers d'acides monobasiques; avec les éthers d'acides bibasiques, il faut prendre seulement un quart de molécule.

Lorsque tout le mélange a été introduit dans le ballon, on peut chauffer quelques heures au bain-marie, à une faible ébullition, et cela réussit très bien lorsque la combinaison formée est dissoute dans l'éther, mais dans les autres cas, il est préférable, pour ne pas s'exposer à une surchauffe locale, d'abandonner le ballon pendant un jour à la température du laboratoire. Le contenu du ballon est alors versé peu à peu sur de la glace pilée, puis on dissout la magnésie en ajoutant par petites portions de l'acide chlorhydrique, ou mieux de l'acide acétique en solution étendue. Théoriquement, il en faudrait 1 molécule; il est nécessaire, en réalité, d'en introduire un peu plus; on s'arrête, d'ailleurs, lorsque la liqueur devient claire et légèrement acide.

On décante alors la couche éthérée et, dans le cas où l'alcool formé est soluble dans l'eau, on soumet la portion aqueuse à l'entraînement par la vapeur d'eau, puis on sépare l'alcool de la portion entraînée au moyen du carbonate de potasse.

La solution éthérée est lavée au bicarbonate de soude plutôt qu'au carbonate, afin d'éviter de précipiter les sels magnésiens qui peuvent être dissous en petite quantité dans l'éther. S'il y a lieu, on agite ensuite avec du bisulfite de soude pour enlever l'aldéhyde ou la cétone qui n'a pas réagi et on achève alors par un nouveau lavage au bicarbonate. On distille l'éther avec les précautions convenables, suivant la volatilité de l'alcool dissous, et on rectifie le résidu à la pression ordinaire ou sous pression réduite, suivant le cas. Après la distillation de l'alcool, il reste généralement dans le ballon une quantité très faible, quelquefois nulle, de produits de polymérisation qui se décomposent quand on essaie de les distiller. Quant à l'alcool, une seconde rectification suffit, dans la plupart des cas, pour l'obtenir bien pur et absolument exempt d'halogène.

J'ai appliqué cette méthode aux aldéhydes suivantes : dans la série grasse, éthanal et valéral qui sont saturées; aldéhyde crotonique, méthyléthylacroléine, citronellal et lémonal qui sont incomplètes; dans la série aromatique, à la benzaldéhyde; et enfin au furfurol.

Le lémonal, m'ayant conduit à un hydrocarbure au lieu de l'alcool attendu, sera étudié au cinquième Chapitre.

Alcool isopropylique (propanol-2).

Cet alcool a déjà été préparé par plusieurs méthodes, mais aucune ne donne des rendements satisfaisants; il était donc intéressant d'étudier à nouveau sa préparation.

L'action de l'éthanal sur le méthyliodure de magnésium donne naissance à un produit cristallisé que l'on traite comme je l'ai indiqué. Une partie de l'alcool formé se trouve dans la solution éthérée et l'autre est extraite de la portion aqueuse par entraînement à la vapeur d'eau et action du carbonate de potasse. Les deux portions obtenues sont réunies et rectifiées sur la baryte caustique. On obtient ainsi, pour une molécule, 47^{gr} de liquide passant de $78°$ à $81°$ et constitué, comme le montre l'analyse, par l'hydrate $(C^3H^8O)^2 + H^2O$ contenant un peu d'alcool anhydre. Cela représente un rendement de 67 pour 100.

L'analyse a donné les résultats suivants :

Matière	0,2696
CO^2	0,5226
H^2O	0,3212

d'où, en centièmes,

	Trouvé.	Calculé pour $(C^3H^8O)^2 + H^2O$.
C	53,04	52,17
H	13,96	13,04

Cette déshydratation partielle de l'hydrate est toute naturelle, puisque j'ai distillé sur la baryte caustique; aussi, j'ai jugé inutile de pousser plus loin la purification.

On voit que ce nouveau mode de préparation est beaucoup plus commode et plus avantageux que les procédés actuellement employés : réduction de l'acétone ou saponification de l'iodure d'isopropyle. Il le serait encore davantage si l'on pouvait remplacer l'aldéhyde par la paraldéhyde, et cette possibilité n'avait rien d'invraisemblable *a priori*, puisque le trioxyméthylène réagit bien sur les combinaisons organozinciques. Les résultats, malheureusement, n'ont pas répondu à mon attente ([1]). La paraldéhyde, introduite dans le méthyliodure de magnésium, produit une réaction peu vive et, lorsqu'on vient à effectuer le traitement habituel, on obtient une portion inférieure d'odeur crotonique de laquelle il est impossible d'isoler aucun produit défini; on retrouve en outre un peu de paraldéhyde et beaucoup de produits de polymérisation plus avancée.

Diisobutylcarbinol (diméthyl-2-6 heptanol-4)

$$\dfrac{CH^3}{CH^3}\!\!>\!\!CH - CH^2 - CH(OH) - CH^2 - CH\!\!<\!\!\dfrac{CH^3}{CH^3}.$$

J'ai obtenu cet alcool par l'action de l'isovaléral sur l'isobutylbromure de magnésium. La réaction est assez vive et donne une combinaison soluble dans l'éther. Après traitement habituel, on obtient, par distillation, une faible portion $100°$-$160°$ qui paraît contenir un peu d'hydrocarbure éthylénique provenant sans doute de la déshydratation de l'alcool, mais pas de diisobutyle en quantité appréciable; puis le produit cherché bouillant à $172°$-$174°$ sous 750^{mm} et à $113°$-$115°$ sous 87^{mm}. Le rendement a été de 55 pour 100.

Pour achever de le purifier, je l'ai redistillé sur la baryte caustique; il a alors donné à l'analyse les résultats suivants :

Matière	$0,3062$
CO^2	$0,8375$
H^2O	$0,3844$

d'où, en centièmes,

	Trouvé.	Calculé pour $C^9H^{20}O$.
C	$74,64$	$75,00$
H	$13,95$	$13,89$

---

[1] Cette tentative avait déjà été faite sans succès par G. Wagner et par W. Wwedenski sur les composés organozinciques (*J. für prakt. Ch.*, 2ᵉ série, t. XXXIX, p. 538).

Cet alcool est un liquide incolore, peu mobile, d'odeur forte et peu agréable, de densité $d_0 = 0,8237$.

Son indice de réfraction ([1]) déterminé à 12° est pour la raie D : $n_D^{12} = 1,42629$.

Comme on a en même temps $d_{12}^4 = 0,8155$, on trouve pour la réfraction moléculaire

$$\frac{n^2-1}{n^2+2}\,\frac{M}{d} = 45,272$$

$$\text{Calculé pour } C^5H^{12}O \ldots\ldots \quad R_m = 45,050$$

Éther acétique. — L'éther acétique a été préparé très facilement en chauffant cet alcool avec deux fois son poids d'anhydride acétique à 150° pendant cinq heures. C'est un liquide incolore, assez mobile, d'odeur fruitée agréable, qui bout à 122°-123° sous 88^{mm} et à 183° sous 750^{mm}. L'analyse a donné les résultats suivants :

Matière	0,2708
CO^2	0,7066
H^2O	0,2840

d'où, en centièmes,

	Trouvé.	Calculé pour $C^7H^{14}O^2$.
C	71,16	70,97
H	11,65	11,83

Dans cette préparation, il ne se fait pas d'hydrocarbure en quantité appréciable.

Penténol-2-4

$$CH^3 — CH = CH — CH(OH) — CH^3.$$

La réaction de l'aldéhyde crotonique sur le méthyliodure de magnésium est très vive et donne une combinaison soluble dans l'éther. Après traitement habituel, j'ai distillé l'éther à la colonne Le Bel dans l'espoir d'isoler l'hydrocarbure qui aurait pu

---

([1]) Tous les indices de réfraction indiqués dans ce mémoire ont été déterminés au moyen du réfractomètre de Pulfrich ; les réfractions moléculaires ont été calculées avec les incréments de Conrady.

prendre naissance, mais le thermomètre monte très rapidement de 37° à 100°; il est donc probable qu'il n'y a pas eu déshydratation de l'alcool attendu, quoiqu'un peu d'hydrocarbure ait pu facilement être entraîné par l'éther en raison de son point d'ébullition certainement peu différent. Vers 100° il passe quelques gouttes d'eau, aussi je continue la distillation sous une pression de 150^{mm} seulement. J'isole ainsi 40^{gr} ([1]) entre 75° et 82° qui, après rectification sur la baryte caustique, bouillent très nettement à 79°-80° sous 150^{mm} et, sans décomposition, à 120°-122° sous 735^{mm}.

L'analyse a donné :

$$
\begin{array}{lr}
\text{Matière} & 0,3672 \\
CO^2 & 0,7864 \\
H^2O & 0,3455 \\
\end{array}
$$

d'où, en centièmes,

	Trouvé.	Calculé pour $C^5H^{10}O$.
C	69,81	69,77
H	11,77	11,63

C'est donc bien, en raison de son mode d'obtention, le penténol-2-4.

Il se présente comme un liquide incolore, assez mobile, d'odeur forte, peu agréable, qui possède les constantes suivantes :

$$d_0 = 0,8506 \qquad\qquad d_{4}^{?} = 0,8428$$

$$n_D^{24} = 1,43362 \qquad \text{d'où} \qquad \frac{n^2-1}{n^2+2}\frac{M}{d} = 26,554$$

$$\text{Calculé} \dots\dots\dots\dots\dots R_m = 26,243$$

Après la séparation du penténol, il restait dans le ballon des produits supérieurs abondants que j'ai pu distiller jusqu'à 180° sous 10^{mm} sans décomposition, mais je n'ai pu en extraire aucun produit défini.

---

[1] Les opérations sont toujours effectuées sur 1 molécule, sauf indication contraire.

Éther acétique. — Il ne se fait que très incomplètement par chauffage de l'alcool au bain-marie avec un excès d'anhydride acétique; il faut ajouter un peu d'acétate de soude fondu et chauffer à 120° pendant six heures. On l'obtient alors sous forme d'un liquide incolore, mobile, d'odeur plus douce que l'alcool, bouillant à 136°-137° sous 751^{mm}, qui donne à l'analyse les résultats suivants :

$$
\begin{aligned}
&\text{Matière} \dots \dots \dots \dots \dots \dots \dots \dots \dots \quad 0,2683 \\
&CO^2 \dots \dots \dots \dots \dots \dots \dots \dots \dots \dots \quad 0,6473 \\
&H^2O \dots \dots \dots \dots \dots \dots \dots \dots \dots \dots \quad 0,2320
\end{aligned}
$$

d'où, en centièmes,

	Trouvé.	Calculé pour $C^4H^{12}O^2$.
C	65,80	65,62
H	9,61	9,37

Méthyl-3 hexène-3 ol-2

$$
\begin{array}{c}
CH^3 \\
|\\
CH^3 - CH(OH) - C = CH - CH^2 - CH^3
\end{array}
$$

Cet alcool s'obtient par l'action de la méthyléthylacroléine ou dipropanal (méthylpenténal-4-3) sur le méthyliodure de magnésium. Si l'on essaie de distiller à la pression ordinaire le produit de la réaction, il ne tarde pas à se produire une déshydratation ; j'ai donc distillé sous 50^{mm} et j'ai isolé, sans formation notable d'hydrocarbure, l'alcool cherché avec un rendement de 65 pour 100.

Le méthylhexénol-3-3-2 est un liquide incolore, mobile, d'odeur âpre, très forte, qui bout à 89° sous 55^{mm} et qui a donné à l'analyse :

$$
\begin{aligned}
&\text{Matière} \dots \dots \dots \dots \dots \dots \dots \dots \quad 0,2482 \\
&CO^2 \dots \dots \dots \dots \dots \dots \dots \dots \dots \quad 0,6695 \\
&H^2O \dots \dots \dots \dots \dots \dots \dots \dots \dots \quad 0,2779
\end{aligned}
$$

ce qui fait en centièmes :

	Trouvé.	Calculé pour $C^7H^{14}O$.
C	73,93	73,68
H	13,44	12,28

Le carbone est révélé par la présence d'une trace d'hydro-carbure, qui ne peut être que le méthylhexadiène-3-1-3

$$CH^2 = CH - \overset{\overset{\displaystyle CH^3}{|}}{C} = CH - CH^2 - CH^3$$

car la déshydratation de l'alcool n'est possible que d'une seule manière.

Le méthylhexénol présente les constantes suivantes :

$$d_0 = 0,8768 \qquad d_{9,15}^{1} = 0,8678$$

$$n_D^{9,3} = 1,44874 \qquad \frac{n^2 - 1}{n^2 + 2}\frac{M}{d} = 35,22$$

$$\text{Calculé} \dots \dots \dots \qquad R_m = 35,449$$

Éther acétique. — Il a été préparé par chauffage de l'alcool avec 2 parties d'anhydride acétique au bain-marie pendant dix heures. C'est un liquide incolore, mobile, d'odeur douce assez agréable, qui bout à $95°$-$97°$ sous 50^{mm}. Il se fait en même temps un peu de méthylhexadiène.

Analyse :

Matière	0,2328
CO^2	0,5964
H^2O	0,2180

d'où, en centièmes,

	Trouvé.	Calculé pour $C^9H^{16}O^2$.
C	69,86	70,12
H	10,41	10,26

Méthyl-2 octène-6 ol-5

$$CH^3 - \overset{\overset{\displaystyle CH^3}{|}}{CH} - CH^2 - CH^2 - CH\,(OH) - CH = CH - CH^3.$$

Il résulte de l'action de l'isoamylbromure de magnésium sur l'aldéhyde crotonique qui fournit une combinaison soluble dans l'éther. A la distillation, d'abord sous 50^{mm}, puis dans un bon vide, on sépare un peu d'hydrocarbure, puis le méthyl-octénol qui bout à $89°$-$91°$ sous 11^{mm}. C'est un liquide incolore, mobile, d'odeur douce, un peu fade, légèrement soluble dans l'eau. Rendement : 45 pour 100.

Analyse :

Matière	0,2605	0,2856
CO_2	0,7246	0,7962
H_2O	0,2929	0,3280

d'où, en centièmes,

	Trouvé.		Calculé pour $C^9H^{18}O$.
	I.	II.	
C	75,86	76,11	76,06
H	12,49	12,76	12,68

Il présente les constantes suivantes :

$$d_0 = 0,8600 \qquad d_4^9 = 0,8539$$

$$n_D^2 = 1,44713 \qquad \frac{n^2 - 1}{n^2 + 2}\frac{M}{d} = 44,44$$

$$\text{Calculé} \dots\dots\dots\dots \qquad R_m = 44,653$$

Éther acétique. — Il a été obtenu, au moyen de l'anhydride acétique, en chauffant pendant huit heures, à 140°-150°. C'est un liquide incolore, mobile, d'odeur forte, mais très douce, qui bout à 96°-98° sous 13^{mm}.

Analyse :

Matière	0,2753
CO_2	0,7862
H_2O	0,2747

d'où, en centièmes,

	Trouvé.	Calculé pour $C^{11}H^{20}O^2$.
C	71,94	71,74
H	11,09	10,87

Diméthyl-2 décène-2 ol-8

$$\overset{\displaystyle CH_3}{\underset{\displaystyle |}{}} \qquad \overset{\displaystyle CH_3}{\underset{\displaystyle |}{}}$$

$$CH_3 - C = CH - CH_2 - CH_2 - CH - CH_2 - CH(OH) - CH_2 - CH_3.$$

Cet alcool s'obtient, avec un rendement de 65 à 70 pour 100, par l'action du citronellal (diméthyl-2-6 octénal-2) sur l'éthylbromure de magnésium. C'est un liquide incolore, peu mobile, d'odeur agréable, citronnée, qui bout à 113°-116° sous 8^{mm}.

Analyse :

Matière .	0,2720
CO^2	0,7786
H^2O	0,3178

d'où, en centièmes,

	Trouvé.	Calculé pour $C^{15}H^{14}O$
C	78,07	78,27
H	12,98	13,04

Il présente les constantes suivantes :

$$d_0 = 0,8710 \qquad d_{13,4}^{4} = 0,8655$$

$$n_D^{12,3} = 1,46123 \qquad \frac{n^2 - 1}{n^2 + 2}\frac{M}{d} = 58,362$$

$$\text{Calculé} \ldots \ldots \qquad R_m = 58,464$$

Éther acétique. — Il se prépare en chauffant l'alcool avec
1 partie et demie d'anhydride acétique à 150°-160° pendant dix
heures. C'est un liquide incolore, assez mobile, d'odeur douce,
qui bout à 120°-123° sous 8^{mm}.

Analyse :

Matière	0,2551
CO^2	0,6926
H^2O	0,2695

d'où, en centièmes,

	Trouvé.	Calculé pour $C^{11}H^{20}O^2$
C	74,94	74,35
H	11,73	11,30

Série aromatique. — J'ai fait réagir sur la benzaldéhyde, les
combinaisons magnésiennes des iodures de méthyle et d'isopropyle et des bromures d'éthyle, de propyle, d'isobutyle et d'isoamyle. J'ai reproduit ainsi avec d'excellents rendements (jusqu'à
78 pour 100) le phénylméthylcarbinol et le phényléthylcar-
binol sur lesquels je ne m'arrêterai pas, puisqu'ils sont bien
connus, et réalisé la synthèse de quelques nouveaux alcools.

Phénylpropylcarbinol (*phène-1 butanol-1*)
$$C^6H^5-CH(OH)-CH^2-CH^2-CH^3.$$

Cet alcool a déjà été obtenu, en réduisant le benzoyltrimé-
thylène, par Marschall et W. H. Perkin ([1]) qui n'ont donné
que son point d'ébullition (168°-170° sous 100^{mm}). Je l'ai préparé synthétiquement par action de la benzaldéhyde sur le pro-
pylbromure de magnésium. C'est un liquide incolore, assez
mobile, dont l'odeur rappelle l'alcool benzylique et qui bout
à 113°-115° sous 10^{mm}.

Analyse :

$$
\begin{array}{lr}
\text{Matière} & 0,2706 \\
CO^2 & 0,7918 \\
H^2O & 0,2260 \\
\end{array}
$$

d'où, en centièmes,

	Trouvé.	Calculé pour $C^{11}H^{16}O$.
C	79,80	80,00
H	9,28	9,33

J'ai déterminé les constantes suivantes :

$$d_0 = 0,997, \qquad d_{13,7} = 0,9861$$

$$n_D^{13,7} = 1,51914. \qquad \frac{n^2-1}{n^2+2}\frac{M}{d} = 46,18$$

$$\text{Calculé} \dots \dots \dots \dots \quad R_m = 46,366$$

Éther acétique. — Il a été préparé par chauffage de l'alcool
avec poids égal d'anhydride acétique à 150°-160° pendant six
heures. C'est un liquide incolore, assez mobile, d'odeur agréable,
qui bout à 117°-118° sous 8^{mm}.

Analyse :

$$
\begin{array}{lr}
\text{Matière} & 0,2538 \\
CO^2 & 0,7066 \\
H^2O & 0,1915 \\
\end{array}
$$

---

[1] *J. of the chem. Soc.*, t. LIX, p. 887.

d'où, en centièmes,

	Trouvé.	Calculé pour $C^{12}H^{16}O^2$.
C	75,29	75,00
H	8,52	8,33

Phénylisopropylcarbinol (phène-1 méthyl-2 propanol-1)

$$C^6H^5 — CH(OH) — \overset{\overset{\textstyle CH^3}{\textstyle |}}{CH} — CH^3.$$

Cet alcool a été entrevu par Claus [1] dans les produits de réduction de la phénylisopropylcétone au moyen de la poudre de zinc et de la potasse alcoolique. Il l'a décrit comme une huile visqueuse, jaune et fluorescente, bouillant vers 300°. Le produit que j'ai obtenu par l'action de la benzaldéhyde sur l'isopropyl-iodure de magnésium est bien différent. C'est un liquide incolore, légèrement visqueux, d'odeur forte, peu agréable, bouillant à 112°-113° sous 15^{mm}. Rendement : 51 pour 100.

Analyse :

Matière	0,2925
CO^2	0,8606
H^2O	0,2462

d'où, en centièmes,

	Trouvé.	Calculé pour $C^{10}H^{14}O$.
C	80,24	80,00
H	9,35	9,33

Il présente les constantes suivantes :

$$d_0 = 0,9986, \qquad d_{13,5} = 0,9869$$

$$n_0^{13,7} = 1,51932, \qquad \frac{n^2-1}{n^2+2}\,\frac{M}{d} = 46,152$$

$$\text{Calculé} \ldots\ldots\ldots\ldots\ldots\ldots R_m = 46,366$$

Éther acétique. — Pour préparer l'éther acétique, il faut chauffer cet alcool avec l'anhydride acétique et l'acétate de soude fondu à 150°-160° pendant douze heures. C'est un liquide assez

---

[1] *J. für prakt. Ch.*, 2ᵉ série, t. XLVI, p. 481.

mobile, incolore, qui possède une odeur forte, peu agréable, et qui bout à 122°-125° sous 20^{mm}.

Analyse :

$$
\begin{aligned}
&\text{Matière.} &&\text{0,2985}\\
&CO_2 &&\text{0,8184}\\
&H_2O &&\text{0,2192}
\end{aligned}
$$

d'où, en centièmes,

	Trouvé.	Calculé pour $C_{12}H_{16}O_2$.
C	74,78	75,00
H	8,16	8,33

Phénylisobutylcarbinol (phène-1 méthyl-3 butanol-1)

$$
C_6H_5 - CH(OH) - CH_2 - CH - CH_3 \overset{\displaystyle CH_3}{\underset{\displaystyle |}{}}
$$

Il résulte de l'action de la benzaldéhyde sur l'isobutylbromure de magnésium. C'est un liquide incolore, assez visqueux, odorant, qui bout à 122° sous 9^{mm}.

Analyse :

$$
\begin{aligned}
&\text{Matière.} &&\text{0,2661}\\
&CO_2 &&\text{0,7831}\\
&H_2O &&\text{0,2359}
\end{aligned}
$$

d'où, en centièmes,

	Trouvé.	Calculé pour $C_{11}H_{16}O$.
C	80,26	80,49
H	9,85	9,76

Il présente en outre les constantes suivantes :

$$
d_0 = 0,9726, \qquad d_{17,6} = 0,9597
$$
$$
n_b^{17,6} = 1,50798, \qquad \frac{n^2-1}{n^2+2}\,\frac{M}{d} = 50,94
$$
$$
\text{Calculé} \dots\dots\dots\dots\dots R_m = 50,969
$$

Éther acétique. — Il s'obtient facilement en chauffant l'alcool avec l'anhydride acétique en excès, à une douce ébullition, pendant huit heures : liquide incolore, assez mobile, d'odeur agréable, qui bout à 125°-126° sous 9^{mm}.

Analyse :

Matière	0,2586
CO^2	0,7157
H^2O	0,7064

d'où, en centièmes,

	Trouvé.	Calculé pour $C^{12}H^{16}O$.
C	75,48	75,73
H	8,87	8,75

Phénylisoamylcarbinol (phène-1 méthyl-4 pentanol-1)

$$CH^3$$
$$|$$
$$C^6H^5 - CH(OH) - CH^2 - CH^2 - CH - CH^3.$$

Cet alcool a été obtenu par l'action de la benzaldéhyde sur l'isoamylbromure de magnésium. Tandis que toutes les combinaisons précédentes de la benzaldéhyde se déposaient à l'état cristallin, celle-ci reste dissoute dans l'éther.

Après le traitement habituel, on sépare par distillation 15^{gr} de diisoamyle ([1]), 12^{gr} d'alcool benzylique ([2]) et 100^{gr} de phénylisoamylcarbinol bouillant à 132° sous 8^{mm}. Rendement : 56 pour 100.

Analyse :

Matière	0,2759	0,2802
CO^2	0,8196	0,8310
H^2O	0,2482	0,2524

d'où, en centièmes,

	Trouvé.		Calculé pour $C^{12}H^{18}O$.
C	81,02	80,88	80,90
H	10,00	10,01	10,11

C'est un liquide incolore, assez visqueux, d'odeur forte, qui

---

([1]) Caractérisé par son point d'ébullition et son analyse.

([2]) Caractérisé par son point d'ébullition et sa transformation en benzaldéhyde.

présente en outre les constantes suivantes :

$$d_0 = 0{,}9674 \qquad d_{18,4} = 0{,}9536$$
$$n_D^{18,4} = 1{,}50714 \qquad \frac{n^2-1}{n^2+2}\frac{M}{d} = 55{,}56$$
$$\text{Calculé} \ldots \ldots \ldots \ldots \ldots \ldots R_m = 55{,}574$$

Éther acétique. — Cet alcool s'éthérifie très bien par chauffage avec l'anhydride acétique et l'acétate de soude fondu, à une faible ébullition, pendant dix heures. L'acétate est un liquide incolore, assez mobile, d'odeur faible, qui bout à 137°-139° sous 9^{mm}.

Analyse :

$$\text{Matière} \ldots \ldots \ldots \ldots \ldots \ldots \ldots 0{,}3875$$
$$CO^2 \ldots \ldots \ldots \ldots \ldots \ldots \ldots \ldots 0{,}8054$$
$$H^2O \ldots \ldots \ldots \ldots \ldots \ldots \ldots \ldots 0{,}2392$$

d'où, en centièmes,

	Trouvé.	Calculé pour $C^{11}H^{20}O^2$.
C	76,40	76,36
H	9,24	9,09

Isoamylfurfurcarbinol.

$$\underset{\displaystyle O}{\overset{\displaystyle CH - CH}{\underset{\displaystyle CH \quad C}{\big|\big|\quad\big|\big|}}} - CH(OH) - CH^2 - CH^2 - \overset{\displaystyle CH^3}{\underset{}{CH}} - CH^3.$$

Dans la série du furfurol on connaissait déjà, comme alcool secondaire, l'éthylfurfurcarbinol préparé au moyen du zinc-éthyle (¹).

La réaction du furfurol sur l'isoamylbromure de magnésium donne une combinaison visqueuse qui se sépare de l'éther et de laquelle le traitement par l'eau dégage l'alcool cherché avec un rendement de 43 pour 100.

L'isoamylfurfurcarbinol est un liquide peu mobile, d'odeur faible qui ne rappelle en rien celle du furfurol ; il est légèrement

____

(¹) PAWLINOW et WAGNER, *Berichte*, t. XVII, p. 1968.

                                                 4

coloré en jaune, mais cette coloration s'accentue assez rapidement. Il bout à $118°$ sous 14^{mm} et à $110°$ sous 8^{mm}.

Analyse :

$$Matière \dots\dots\dots\dots\dots\dots\dots\dots\dots 0,2712$$
$$CO_2 \dots\dots\dots\dots\dots\dots\dots\dots\dots\dots 0,7108$$
$$H_2O \dots\dots\dots\dots\dots\dots\dots\dots\dots\dots 0,2296$$

d'où, en centièmes,

	Trouvé.	Calculé pour $C^{16}H^{20}O^2$.
C	71,47	71,43
H	9,41	9,52

J'ai déterminé les constantes suivantes :

$$d_0 = 0,9998 \qquad d_{12}^{14} = 0,9882$$

$$n_D^{12} = 1,47939 \qquad \frac{n^2-1}{n^2+2}\frac{M}{d} = 48,246$$

$$Calculé \dots\dots\dots\dots\dots\dots\dots R_m = 48,444$$

Éther acétique. — Je l'ai obtenu en chauffant l'alcool avec l'anhydrique acétique en excès, pendant quinze heures, au bain-marie. C'est un liquide peu mobile, d'odeur forte, qui se colore rapidement en jaune et qui bout à $123°$-$124°$ sous 14^{mm}.

Analyse :

$$Matière \dots\dots\dots\dots\dots\dots\dots\dots\dots 0,2795$$
$$CO_2 \dots\dots\dots\dots\dots\dots\dots\dots\dots\dots 0,7010$$
$$H_2O \dots\dots\dots\dots\dots\dots\dots\dots\dots\dots 0,2125$$

d'où, en centièmes,

	Trouvé.	Calculé pour $C^{12}H^{12}O^3$.
C	68,40	68,57
H	8,45	8,57

Action du benzylbromure de magnésium sur les aldéhydes. — J'ai essayé également de faire réagir le benzylbromure de magnésium sur les aldéhydes et en particulier sur le propanal et l'isobutanal. Ces réactions, faites dans la glace, sont peu vives et donnent lieu à une combinaison visqueuse qui se sépare de l'éther. Mais quand on distille le produit du traitement par l'eau, on ne peut isoler que du dibenzyle; le reste est constitué par des mélanges sans point fixe, qui paraissent constitués surtout par des polymères de l'aldéhyde employée et desquels il m'a été impossible d'isoler aucun produit défini.

Cependant, l'action polymérisante exercée par le benzylbromure de magnésium n'est pas de même nature que celle des composés organozinciques sur les cétones en $-CO-CH^3$ signalée par Beilstein et Rieth [1], Boutlerow [2], Pawlow [3], car la réaction marche très convenablement avec l'acétone, comme nous le verrons dans le Chapitre suivant.

En résumé, on voit que les combinaisons organomagnésiennes de la série grasse réagissent très bien sur les diverses aldéhydes en donnant des rendements au moins égaux, sinon supérieurs, à ceux de la méthode de Wagner, quand celle-ci est applicable. Or nous avons vu que, pour préparer une molécule d'alcoylmagnésium, il ne faut qu'une molécule d'éther halogéné, tandis qu'il en faut deux molécules pour les composés zinciques. On peut donc dire que la nouvelle méthode, outre sa plus grande généralité, donne des rendements au moins doubles de ceux de la méthode de Wagner, par rapport à l'éther halogéné employé.

---

[1] *Liebig's Annalen*, t. CXXVI, p. 245.
[2] *Zeitschrift für Chemie*, p. 385; 1864.
[3] *Liebig's Annalen*, t. CLXXXVIII, p. 130-136.

CHAPITRE III.

Saytzeff perfectionna et généralisa, dans une certaine mesure, la méthode de Wagner, en montrant qu'on pouvait remplacer le composé organozincique par un mélange d'iodure alcoolique et de zinc finement granulé. L'opération est ainsi beaucoup plus rapide que par l'emploi des combinaisons organozinciques. L'interprétation théorique reste d'ailleurs la même :

$$\frac{R}{R'}\!\!>\!\!CO + 2\,CH^3I + 2\,Zn = \frac{R}{R'}\!\!>\!\!C\!\!<\!\!\frac{O\,Zn\,CH^3}{CH^3} + Zn\,I^2,$$

$$\frac{R}{R'}\!\!>\!\!C\!\!<\!\!\frac{O\,Zn\,CH^3}{CH^3} + 2\,H^2O = \frac{R}{R'}\!\!>\!\!C\!\!<\!\!\frac{OH}{CH^3} + CH^4 + Zn(OH)^2.$$

Elle est un peu différente, cependant, dans le cas où l'éther halogéné est le bromure ou l'iodure d'allyle :

$$\frac{R}{R'}\!\!>\!\!CO + C^3H^5I + Zn = \frac{R}{R'}\!\!>\!\!C\!\!<\!\!\frac{O\,Zn\,I}{C^3H^5},$$

$$2\,\frac{R}{R'}\!\!>\!\!C\!\!<\!\!\frac{O\,Zn\,I}{C^3H^5} + 2\,H^2O = 2\,\frac{R}{R'}\!\!>\!\!C\!\!<\!\!\frac{OH}{C^3H^5} + Zn\,I^2 + Zn(OH)^2.$$

Comme on le voit, Saytzeff admet dans le premier cas, avec les éthers halogénés saturés, la formation transitoire du dérivé organozincique symétrique, tandis que, dans le second cas, ce serait la combinaison mixte C^3H^5ZnI qui prendrait naissance, comme cela se produit avec le magnésium. Et, d'ailleurs, cette différence d'interprétation est parfaitement justifiée par les faits. En effet, tandis que l'iodure d'allyle (ou le bromure) peut réagir normalement sur toutes les cétones, en présence du zinc, les éthers halogénés saturés ne donnent pas d'alcools

tertiaires avec les cétones en $-CO-CH^3$, mais les condensent avec perte d'eau ([1]), et cela limite considérablement
l'emploi de la méthode de Saytzeff. En outre, même dans les
cas favorables, il se produit très facilement des réactions secondaires donnant naissance à des hydrocarbures et à des produits
de polymérisation qui abaissent souvent les rendements d'une
façon très notable.

Nous allons voir que les combinaisons organomagnésiennes
atténuent fortement ou même suppriment ces inconvénients et
que, en plus, elles présentent l'avantage capital de réagir
parfaitement sur les cétones en $-CO-CH^3$.

M. Ph. Barbier a préparé le premier, dans cet ordre d'idées,
le diméthylhepténol au moyen de la méthylhepténone naturelle et de l'iodure de méthyle en présence du magnésium ([2]).
J'ai étudié, à mon tour, l'action des combinaisons organomagnésiennes sur les cétones suivantes :

Dans la série grasse : acétone, oxyde de mésityle, méthylhepténone synthétique;

Dans la série aromatique : acétophénone, benzylidène-acétone, naphtylméthylcétones α et β;

Dans la série terpénique : pulégone, menthone.

Je ne décrirai, dans ce Chapitre, que les réactions qui m'ont
conduit à des alcools tertiaires, d'après le processus suivant :

$$\frac{R}{R_1}\!\!>\!\!CO + R'MgBr = \frac{R}{R_1}\!\!>\!\!C\!\!<\!\!\frac{OMgBr}{R'},$$

$$2\,\frac{R}{R_1}\!\!>\!\!C\!\!<\!\!\frac{OMgBr}{R'} + 2H^2O = \frac{R}{R_1}\!\!>\!\!C\!\!<\!\!\frac{OH}{R_1} + MgBr^2 + Mg(OH)^2.$$

Triméthylcarbinol (méthyl-2 propanol-2)

$$(CH^3)^3 = C(OH).$$

Cet alcool a été préparé avec d'excellents rendements par
Boutlerow ([3]), mais en employant un luxe de précautions

---

[1] A. Tschebotareff et A. Saytzeff, *J. für prakt. Ch.*, p. 194; 1886.
[2] *Comptes rendus*, t. CXXVIII, p. 110.
[3] *Bull. Soc. chim.*, t. II, p. 106; 1864.

qui rendent sa méthode difficile à appliquer et en tout cas peu pratique pour une production notable. Il était donc intéressant d'essayer une nouvelle synthèse de ce premier représentant des alcools tertiaires.

L'acétone bien sèche réagit très vivement sur le méthyliodure de magnésium en donnant une combinaison bien cristallisée de formule

$$\mathrm{\overset{CH^3}{\underset{CH^3}{>}}C\overset{OMg\,I}{\underset{CH^3}{<}}} + (C^2H^3)^2O,$$

comme je l'ai montré plus haut.

Après décomposition par l'eau et traitements séparés de la solution éthérée et de la portion aqueuse, on isole, par distillation sur la baryte caustique, 33^{gr} passant de $77°$ à $81°$ sous 750^{mm} et 23^{gr} de $81°$ à $90°$ qui cristallisent dans la glace. La portion supérieure redistillée sur la baryte bout à $82°-84°$, elle possède une odeur fortement camphrée et fond à $20°$; pour atteindre le point de fusion indiqué par Boutlerow ($25°$), il faut distiller sur le sodium. Nous sommes donc bien en présence du triméthylcarbinol. J'ai d'ailleurs achevé de le caractériser par sa transformation en iodure de butyle tertiaire. Quant à la portion inférieure, il suffit de la distiller de nouveau sur la baryte caustique pour obtenir un produit cristallisable; elle était donc constituée par l'hydrate $(C^4H^{10}O)^2 + H^2O$. Cela représente un rendement d'à peu près 70 pour 100, mais je montrerai dans le Chapitre suivant qu'on obtient encore de meilleurs résultats avec l'acétate de méthyle.

Pentaméthyléthanol (triméthyl-2-2-3 butanol-3)
$$(CH^3)^2 = C - C (OH) = (CH^3)^2.$$

J'ai essayé de reproduire cet alcool, déjà préparé par différentes méthodes (1), en faisant réagir l'acétone sur le tertiaire butyliodure de magnésium. Bien que la réaction paraisse mar-

---

(1) BOUTLEROW, *Liebig's Ann.*, t. CLXXVII, p. 176. — KASCHIRSKY, *J. der russ. chem. Gesells.*, t. XIII, p. 86. — BOGOMOLETZ, *Liebig's Ann.*, t. CCIX, p. 78.

cher régulièrement en donnant un produit cristallisé, je n'ai pu isoler qu'une quantité dérisoire d'hydrate de pentaméthyléthanol $(C^7H^{14}O)^2 + H^2O$, caractérisé simplement par ce qu'il présente à l'état solide l'aspect du camphre, qu'il est très volatil, qu'il possède une odeur fortement camphrée et qu'il fond vers 80° (au lieu de 83°).

Cet insuccès me paraît devoir être attribué à ce que la réaction du magnésium sur l'iodure de butyle tertiaire, en présence d'éther anhydre, ne se comporte pas, ainsi que je l'ai signalé précédemment, comme avec les éthers halogénés primaires ou secondaires ; il se dégage, en effet, abondamment de l'isobutylène. En outre, la combinaison organomagnésienne qui se forme doit être peu stable et se détruire par l'action de l'acétone en donnant encore du butylène et de l'iodure de magnésium qui se dépose. Mais, je le répète, ceci n'est qu'une hypothèse, puisque je n'ai analysé ni le gaz dégagé, ni le dépôt cristallin.

Diméthylisoamylcarbinol (diméthyl-2-5 hexanol-2)

$$CH^3 \qquad\qquad CH^3$$
$$CH^3 - C(OH) - CH^2 - CH^2 - CH - CH^3$$

Cet alcool résulte de l'action de l'acétone sur l'isoamylbromure de magnésium, qui donne une combinaison fluide et incolore, très peu soluble dans l'éther dont elle se sépare. Le traitement habituel m'a permis d'isoler :

1° 15^{gr} entre 125° et 140° sous 765^{mm} qui paraissent constitués surtout par de l'oxyde de mésityle (130°) et de l'alcool amylique (131°-132°) ; cette portion se combine partiellement, en effet, avec le bisulfite de soude, elle donne de l'iodoforme, et enfin, chauffée avec de l'acide acétique et quelques gouttes d'acide sulfurique, elle dégage fortement l'odeur d'acétate d'amyle ;

2° 60^{gr} de diméthylisoamylcarbinol bouillant à 150°-153° sous 756^{mm}, ce qui fait un rendement de 46 pour 100 ;

3° 5^{gr} entre 190° et 205° qui ne cristallisent pas par refroidissement, mais donnent de l'iodoforme; il doit donc s'être fait un peu de phorone (198°).

L'alcool obtenu contient encore une trace de diisoamyle (159°) dont on ne peut guère le débarrasser par distillation en raison de la faible différence des points d'ébullition [1]. C'est un liquide incolore, mobile, d'odeur forte, qui a donné à l'analyse les résultats suivants :

$$
\begin{aligned}
\text{Matière} &\ldots\ldots\ldots 0,2506 \\
CO^2 &\ldots\ldots\ldots 0,6816 \\
H^2O &\ldots\ldots\ldots 0,3141
\end{aligned}
$$

d'où, en centièmes,

	Trouvé.	Calculé pour $C^6H^{14}O$.
C	74,18	73,85
H	13,92	13,85

J'ai déterminé, en outre,

$$d_0 = 0,8203, \qquad d^4_{11,4} = 0,8115,$$

$$n_D^{11,4} = 1,42428, \qquad \frac{n^2-1}{n^2+2}\,\frac{M}{d} = 40,904,$$

$$\text{Calculé} \ldots\ldots\ldots R_m = 40,447.$$

Éther acétique. — L'éthérification de cet alcool est assez lente; je n'ai pu obtenir l'acétate dans un état de pureté convenable qu'en chauffant pendant trois jours à 100° avec 2 parties d'anhydride acétique et un peu d'acétate de soude fondu. Cet éther acétique constitue un liquide incolore, mobile, présentant une odeur de bois de cèdre prononcée et bouillant à 171°-173° sous 745^{mm}.

Analyse :

$$
\begin{aligned}
\text{Matière} &\ldots\ldots\ldots 0,2982 \\
CO^2 &\ldots\ldots\ldots 0,7648 \\
H^2O &\ldots\ldots\ldots 0,3202
\end{aligned}
$$

d'où, en centièmes,

	Trouvé.	Calculé pour $C^8H^{16}O^2$.
C	69,95	69,77
H	12,04	11,63

---

[1] On l'obtiendrait sans doute plus facilement à l'état de pureté par l'action du méthyliodure de magnésium sur l'isocaproate d'éthyle.

Phénylméthylcarbinol (phène-1 méthyl-1 éthanol)
$$C^6H^5 — C(OH) — CH^3.$$
$$CH^3$$

La synthèse de cet alcool avait été vainement tentée jusqu'à présent : l'action des composés organozinciques sur l'acétophénone donne des produits de condensation, dypnone et dypnopinacone [1], et, d'autre part, Boutlerow [2], en essayant de faire réagir le chlorure de benzoyle sur le zinc méthyle, n'obtint que de l'acétophénone. L'emploi des combinaisons organomagnésiennes donne, au contraire, d'excellents résultats. La réaction de l'acétophénone sur le méthyliodure de magnésium donne naissance à un magma cristallin qu'on soumet au traitement ordinaire, puis à la rectification sous pression réduite.

On isole d'abord un hydrocarbure bouillant à 105°-107° sous 126^{mm} qui est le produit de déshydratation partielle de l'alcool cherché, puis cet alcool lui-même qui bout à 91° sous 8^{mm}. Le rendement est de 65 pour 100 en alcool et de 21 pour 100 en hydrocarbure. Il est préférable, dans cette opération, d'opérer avec un excès de combinaison organomagnésienne ($\frac{1}{10}$ de molécule environ), afin d'éviter qu'il reste de l'acétophénone inaltérée que le bisulfite de soude n'enlève pas et qu'il est difficile de séparer complétement par distillation. J'indiquerai, d'ailleurs, dans le Chapitre suivant, un mode de synthèse encore plus avantageux que celui-ci.

Le phényldiméthylcarbinol se présente d'abord comme un liquide incolore, peu mobile, d'odeur faiblement aromatique, qui cristallise dans la glace en petits prismes très allongés, fusibles à 23° [3]. Il se déshydrate partiellement quand on le distille à la pression ordinaire.

---

[1] DELACRE, *Dict. de Beilstein*, t. III, p. 119, 249.

[2] *Bull. Soc. chim.*, t. I, p. 18; 1866.

[3] J'ai d'abord décrit cet alcool comme liquide (*Comptes rendus*, t. CXXXII, p. 38); il était alors souillé d'une trace d'acétophénone qui l'empêchait de cristalliser.

Analyse :

Matière............	o,3to8	o,2722
CO^2	o,9081	o,7912
H^2O............	o,2408	o,2208

d'où, en centièmes,

	Trouvé		Calculé pour $C^9H^{12}O$.
C............	79,69	79,27	79,41
H............	8,61	9,01	8,82

La détermination du poids moléculaire par cryoscopie dans le benzène m'a donné les résultats suivants :

Matière....................	o,9846
Benzène....................	26,8362
Abaissement observé......	$1°,295$

d'où

	Trouvé.	Calculé.
Poids moléculaire.....	138,8	136

J'ai essayé de préparer l'éther acétique de cet alcool au moyen de l'anhydride acétique, d'une part, et, d'autre part, avec le chlorure d'acétyle, seul ou dans l'éther anhydre, avec ou sans pyridine; je n'ai obtenu, dans tous les cas, que le produit de déshydratation, le phénylméthoéthène, que j'étudierai au Chapitre V.

D'autres essais d'éthérification par l'acide iodhydrique gazeux ou par l'acide chlorhydrique concentré et sous pression n'ont pas donné de meilleurs résultats. Je reviendrai plus loin sur ces opérations.

Benzyldiméthylcarbinol (phène-1 méthyl-2 propanol-2)

$$CH^3$$
$$|$$
$$C^6H^5 - CH^2 - C(OH) - CH^3.$$

Cet alcool n'était connu qu'à l'état de dérivé dichloré

$$C^6H^5.CCl^2.C(OH)(CH^3)^2$$

obtenu par Willgerodt et Genieser ([1]) en faisant réagir le

([1]) *J. für prakt. Ch.* [2], t. XXXVII, p. 367.

chlorure d'aluminium sur un mélange de benzène, d'acétone et de chloroforme. Je l'ai obtenu en faisant réagir l'acétone sur le benzylbromure de magnésium. Il se forme une combinaison visqueuse, très peu soluble dans l'éther, que l'on soumet au traitement habituel et qui se sépare nettement, par distillation dans le vide, en deux portions :

La première, la plus importante (52^{gr}), passe de $100°$ à $115°$ sous 10^{mm} et, par redistillation, à $103°$-$107°$ sous 10^{mm}; c'est l'alcool cherché.

La seconde portion (32^{gr}) distille nettement à $162°$-$163°$ sous 10^{mm} et cristallise; c'est du dibenzyle que j'ai caractérisé par son point d'ébullition, son point de fusion et son analyse.

Cette forte proportion de dibenzyle diminue notablement le rendement en benzyldiméthylcarbinol qui n'a pas dépassé 33 pour 100. Cet alcool, obtenu comme nous venons de le voir, contient encore une trace de produits bromés dont on le débarrasse facilement en le chauffant avec un peu de potasse alcoolique. Il se présente alors comme un liquide incolore, peu mobile, d'odeur aromatique, âpre, mais cependant assez agréable, bouillant à $103°$-$105°$ sous 10^{mm}; refroidi dans un mélange de glace et de sel, il se prend en une masse butyreuse blanche, fusible à $0°$.

Analyse :

$$
\begin{aligned}
\text{Matière} &\dots\dots\dots\dots\dots\dots\dots\dots && 0,3042 \\
CO^2 &\dots\dots\dots\dots\dots\dots\dots\dots\dots && 0,8903 \\
H^2O &\dots\dots\dots\dots\dots\dots\dots\dots\dots && 0,2602
\end{aligned}
$$

d'où, en centièmes,

	Trouvé.	Calculé pour $C^{10}H^{14}O$.
C	79,82	80,00
H	9,50	9,33

On a, en outre,

$$d_0 = 0,9960 \qquad d_{12,7}^{i} = 0,9822$$

$$n_D^{12,7} = 1,51950 \qquad \frac{n^2-1}{n^2+2}\frac{M}{d} = 46,392$$

$$\text{Calculé}\dots\dots\dots \qquad R_m = 46,366$$

J'ai essayé d'éthérifier le benzyldiméthylcarbinol par l'anhydride acétique, puis par la méthode de Bertram, c'est-à-dire en le chauffant avec 2 parties d'acide acétique et 0,1 partie d'acide sulfurique à 50 pour 100, à 50°-60° pendant vingt-quatre heures. Je n'ai réussi chaque fois qu'à le déshydrater; j'étudierai au Chapitre V l'hydrocarbure produit.

α naphtyldiméthylcarbinol (α-naphtène-2 méthyl-2 éthanol)

$$CH^3$$
$$C^{10}H^7 — C(OH) — CH^3.$$

Dans la série du naphtalène, on ne connaît, je crois, que deux alcools primaires, les naphtylméthanols α et β, un alcool secondaire, l'α-naphtylméthénylcarbinol, et pas d'alcool tertiaire; il était donc, à tous égards, très intéressant d'étudier l'application de la nouvelle méthode à cette série.

Je ne me suis occupé jusqu'à présent que des méthylnaphtyl-cétones α et β que j'ai préparées par la méthode de Friedel et Crafts, et séparées par la méthode de Rousset (^{1}) au moyen de leurs picrates. L'α-cétone m'a donné un alcool que je vais décrire, tandis que la β-cétone ne m'a fourni que des hydrocarbures, ce qui semblerait indiquer que les alcools tertiaires β-naphtaléniques ne sont pas stables. Il y aurait évidemment lieu d'étudier parallèlement les alcools secondaires dérivés des aldéhydes naphtoïques pour rechercher si cette instabilité persiste dans la série β; je ne l'ai pas encore fait.

L'α-naphtylméthylcétone, en réagissant sur le méthyliodure de magnésium, détermine la production de flocons blancs qui se redissolvent rapidement, mais le lendemain le ballon est tapissé d'une épaisse couche de petits cristaux prismatiques incolores. Après traitement habituel et distillation de l'éther, il reste un résidu incolore qui cristallise immédiatement en fines aiguilles fusibles à 75°. Par recristallisation dans la ligroïne légère ou dans un mélange d'éther et de ligroïne, on

---

(^{1}) *Bull. Soc. Chim.*, 3ᵉ série, t. XV, p. 59.

obtient encore de fines aiguilles fusibles à 80°, très solubles dans l'éther, les alcools méthylique et éthylique, le benzène, l'acétate d'éthyle, peu solubles dans la ligroïne légère, et qui distillent, sans décomposition, à 159°-161° sous 9^{mm}.

C'est l'α-naphtyldiméthylcarbinol et le rendement est à peu près théorique.

Analyse :

$$\begin{array}{lr} \text{Matière} & 0,2684 \\ CO^2 & 0,8265 \\ H^2O & 0,1882 \end{array}$$

d'où, en centièmes,

	Trouvé.	Calculé pour $C^{13}H^{14}O$.
C	83,98	83,87
H	7,79	7,53

La détermination de son poids moléculaire par cryoscopie dans le benzène a donné les résultats suivants :

$$\begin{array}{lr} \text{Matière} & 1,1092 \\ \text{Benzène} & 28,4959 \\ \text{Abaissement observé} & 1°,65 \end{array}$$

d'où

	Trouvé.	Calculé.
Poids moléculaire	181,7	186

Chauffé au bain-marie avec l'anhydride acétique, cet alcool se déshydrate intégralement en donnant l'α-naphtylmétho-éthène, que je décrirai au Chapitre V.

Les synthèses précédentes montrent que les combinaisons organomagnésiennes réagissent parfaitement sur les cétones en $-CO-CH^3$, grasses ou aromatiques, en donnant des alcools tertiaires, sauf, bien entendu, les cas où l'alcool tertiaire formé est instable; mais nous verrons que dans ces cas particuliers, qui ne sont pas imputables à la méthode, on obtient les hydrocarbures avec d'aussi bons rendements que les alcools tertiaires eux-mêmes.

On voit, en outre, que la méthode au magnésium n'exige qu'une molécule d'éther halogéné par molécule de cétone.

tandis que la méthode de Saytzeff (les synthèses d'alcools tertiaires allylés mises à part), tout en donnant des rendements notablement inférieurs, nécessite l'emploi de deux à trois molécules d'éther halogéné.

On peut donc dire que l'emploi des combinaisons organomagnésiennes comble la lacune laissée par la méthode de Saytzeff et donne, en outre, des rendements au moins triples de ceux fournis par cette méthode.

Je me propose de continuer prochainement ce Chapitre, en étudiant l'application de ma méthode aux dicétones.

CHAPITRE IV.

ACTION DES COMBINAISONS ORGANOMAGNÉSIENNES
SUR LES ÉTHERS-SELS.

L'action des iodures alcooliques sur les éthers-sels en présence du zinc, découverte par Wagner et Saytzeff en 1875 [1], se passe en trois phases et donne lieu, comme dans le cas des cétones, à deux interprétations différentes suivant qu'il s'agit d'iodures saturés ou de l'iodure d'allyle.

Dans le premier cas on a, par exemple :

$$\text{I.} \qquad HC\!\!\begin{array}{c} O \\ OC^2H^5 \end{array} + 2\,C^2H^5I + Zn^2 = HC\!-\!\begin{array}{c} OZn\,C^2H^5 \\ OC^2H^5 \\ C^2H^5 \end{array} + Zn\,I^2.$$

$$\text{II.}\ \ HC\!\!\begin{array}{c} OZn\,C^2H^5 \\ OC^2H^5 \\ C^2H^5 \end{array} + 2\,C^2H^5I + Zn^2 = HC\!-\!\begin{array}{c} OZn\,C^2H^5 \\ C^2H^5 \\ C^2H^5 \end{array} + Zn\!\!\begin{array}{c} OC^2H^5 \\ C^2H^5 \end{array} + Zn\,I^2$$

$$\text{III.}\ \left\{\begin{array}{l} HC\!-\!\begin{array}{c} OZn\,C^2H^5 \\ C^2H^5 \\ C^2H^5 \end{array} + H^2O = HC(OH)\!\!\begin{array}{c} C^2H^5 \\ C^2H^5 \end{array} + C^2H^6 + Zn\,O \\[2.5em] Zn\!\!\begin{array}{c} OC^2H^5 \\ C^2H^5 \end{array} + H^2O = C^2H^6 + C^2H^5OH + Zn\,O \end{array}\right.$$

On voit que sur les quatre molécules d'iodure alcoolique qu'il faut employer, deux sont réduites en hydrocarbure et perdues, par suite, pour la réaction principale.

Avec les combinaisons organomagnésiennes, l'interprétation, qui est la même que dans le cas du zinc et de l'iodure d'allyle,

---

[1] *Liebig's Ann.*, t. CLXXV, p. 360.

est la suivante :

$$\text{I.} \qquad RC\Big\langle{}^{O}_{OC^2H^5} + R'MgBr = RC\!-\!{}^{OMgBr}_{OC^2H^5}$$

Avec le résidu R' en bas.

$$\text{II.} \qquad RC\!-\!{}^{OMgBr}_{OC^2H^5}\ {}_{R'} + R'MgBr = RC\!-\!{}^{OMgBr}_{R'}\ {}_{R'} + C^2H^5OMgBr$$

$$\text{III.} \quad\left\{\begin{array}{l} RC\!-\!{}^{OMgBr}_{R'}\ {}_{R'} + H^2O = RC\!-\!{}^{OH}_{R'}\ {}_{R'} + MgBrOH \\[1em] C^2H^5OMgBr + H^2O = C^2H^5OH + MgBrOH \end{array}\right.$$

Dans la première phase, il y a fixation d'une molécule de composé organomagnésien sur une molécule d'éther-sel; dans la deuxième phase, la combinaison formée échange son résidu $-OC^2H^5$ contre le radical alcoolique R' d'une nouvelle molécule du composé organomagnésien; enfin, dans la troisième phase, la combinaison obtenue est détruite par l'eau avec formation d'un alcool secondaire, dans le cas de l'éther formique et d'un alcool tertiaire dans les autres cas.

En général, on ne peut suivre, sur la masse réactionnelle, le passage de la première phase à la deuxième; il se peut donc que ce passage soit immédiat; aussi je ne crois pas pouvoir affirmer, *a priori*, qu'il soit possible de copuler, sur un même éther-sel, deux résidus alcooliques différents de façon à obtenir un alcool tertiaire asymétrique. Le fait paraît cependant présumable, puisqu'il se produit avec les composés zinciques [1], mais je ne l'ai pas encore étudié.

La méthode de Wagner-Saytzeff ne paraît être pratiquement applicable, avec les iodures saturés, qu'à l'éther formique, et seulement avec l'iodure d'allyle à tous les éthers.

Je vais montrer que les combinaisons organomagnésiennes réagissent également bien sur les éthers formique et acétique, ainsi que sur le benzoate de méthyle.

---

[1] Kanonnikoff et A. Saytzeff (*Liebig's Ann.*, t. CLXXV, p. 375) ont obtenu l'alcool butylique secondaire par action du zinc sur un mélange équimoléculaire de formiate d'éthyle, d'iodure de méthyle et d'iodure d'éthyle.

Diéthylcarbinol (pentanol-3)
$$C^2H^5 — CH(OH) — C^2H^5.$$

Cet alcool a été obtenu par Wagner et A. Saytzeff [1] avec un rendement de 24 pour 100, en faisant réagir le zinc et le zinc-sodium sur le mélange de formiate d'éthyle et d'iodure d'éthyle. Je l'ai reproduit par l'action de l'éther formique sur l'éthylbromure de magnésium.

La réaction est très vive et donne naissance à une combinaison qui se sépare de l'éther, vers la fin de l'opération, sous forme d'un liquide brun qui n'a pas changé d'aspect au bout de vingt-quatre heures. On décompose alors à la manière habituelle et on traite séparément la solution éthérée et la portion aqueuse.

Le produit soumis à la distillation fractionnée est un mélange d'éther, d'éthanol et de diéthylcarbinol.

Par deux fractionnements, on sépare 24^{gr} de l'alcool cherché passant de 105° à 115°, mais la portion inférieure est constituée par un mélange intime de cet alcool et d'éthanol qu'on n'arrive à séparer qu'en le traitant par environ quatre volumes d'eau. On recueille encore ainsi 8^{gr} de diéthylcarbinol, ce qui porte le rendement à 73 pour 100.

Redistillé sur la baryte caustique, le diéthylcarbinol bout à 114°-115° sous 719^{mm} (Wagner et Saytzeff indiquent 116°,5 sous 753^{mm},2).

Analyse :

Matière	0,3036
CO^2	0,7498
H^2O	0,3813

d'où, en centièmes,

	Trouvé	Calculé pour $C^5H^{12}O$
C	67,81	68,18
H	13,89	13,64

---

[1] *Liebig's Ann.*, t. CLXXV, p. 351.

On a, en outre,

$$d_0 = 0,8391 \qquad\qquad d_{15} = 0,8271$$

$$n_D^{14,5} = 1,41913 \qquad \text{d'où} \qquad \frac{n^2-1}{n^2+2}\,\frac{M}{d} = 26,497$$

$$\text{Calculé pour } C^9H^{20}O \ldots\ldots \qquad R_D = 26,638$$

Diisoamylcarbinol (diméthyl-2-8 nonanol-5)

$$
\begin{array}{ccccccccc}
CH^3 & & & & & & & & CH^3 \\
| & & & & & & & & | \\
CH^3\!-\!CH\!-\!CH^2\!-\!CH^2\!-\!CH.OH\!-\!CH^2\!-\!CH^2\!-\!CH\!-\!CH^3.
\end{array}
$$

L'action de l'isoamylbromure de magnésium sur le formiate d'éthyle est assez modérée et c'est seulement quelques heures après l'opération qu'il se sépare une couche visqueuse; il est donc probable que la première phase de la réaction donne une combinaison soluble dans l'éther, tandis que la seconde phase donne naissance au produit insoluble.

Le traitement habituel permet d'isoler, en partant de 1 molécule de $C^5H^{11}MgBr$ et $\frac{1}{2}$ molécule de $HCO^2C^2H^5$:

1° 15^{gr} à 20^{gr} d'alcool amylique caractérisé par son odeur, son point d'ébullition et sa transformation en acétate;

2° 50^{gr} d'un liquide incolore, mobile, d'odeur douce et agréable, qui bout à $100°-101°$ sous 8^{mm} et qui donne à l'analyse les chiffres suivants:

$$
\begin{array}{lcc}
\text{Matière} \ldots\ldots\ldots\ldots & 0,3208 & 0,4461 \\
CO^2 \ldots\ldots\ldots\ldots & 0,7468 & 0,9034 \\
H^2O \ldots\ldots\ldots\ldots & 0,3808 & 0,3764 \\
\end{array}
$$

d'où

	Trouvé		Calculé	
	I	II	pour $C^{11}H^{24}O$	pour $C^{12}H^{24}O^2$
C	71,93	74,97	76,74	72,06
H	11,97	12,49	13,95	12,09

Pas de produits supérieurs. Ainsi le corps obtenu n'est pas le diisoamylcarbinol, mais il répond à la formule brute $C^{12}H^{24}O^2$ (ce ne peut être $C^6H^{12}O$ à cause du point d'ébullition).

Cette composition peut être représentée par l'une des trois

constitutions suivantes :

$$\text{I.} \quad \left\{ \begin{matrix} C^5H^{11} \\ C^5H^{11} \end{matrix} \right\} \!\!>\!\! CHO.CO.H \qquad \text{Formiate de diisoamylcarbinol.}$$

$$\text{II.} \quad \left\{ \begin{matrix} C^5H^{11} - CO \\ \phantom{C^5H^{11}} | \\ C^5H^{11} - CH(OH) \end{matrix} \right. \qquad \text{Alcool cétonique.}$$

$$\text{III.} \quad \left\{ \begin{matrix} C^5H^{11} - C(OH) \\ \phantom{C^5H^{11}} \| \\ C^5H^{11} - C(OH) \end{matrix} \right. \qquad \text{Glycol incomplet de type inconnu.}$$

Avant toute expérience analytique, j'ai essayé de trouver une indication dans la réfraction moléculaire ; voici les résultats obtenus avec les deux échantillons analysés plus haut :

$$1^\circ \ldots\ldots \quad d_{15,5} = 0,8694. \quad n_D^{15,5} = 1,4362, \quad \frac{n^2-1}{n^2+2}\,\frac{M}{d} = 60,171;$$

$$2^\circ \ldots\ldots \quad d_{17} = 0,8710. \quad n_D^{17} = 1,4370, \quad \frac{n^2-1}{n^2+2}\,\frac{M}{d} = 59,91.$$

Or les réfractions moléculaires théoriques qui correspondent aux trois formules considérées sont :

$$
\begin{array}{ll}
\text{I} \ldots\ldots\ldots\ldots\ldots\ldots\ldots\ldots\ldots\ldots\ldots\ldots & 59,644 \\
\text{II} \ldots\ldots\ldots\ldots\ldots\ldots\ldots\ldots\ldots\ldots\ldots\ldots & 59,644 \\
\text{III} \ldots\ldots\ldots\ldots\ldots\ldots\ldots\ldots\ldots\ldots\ldots\ldots & 59,983
\end{array}
$$

La réfraction moléculaire cadre donc très nettement avec la forme glycolique, mais il restait à vérifier expérimentalement cette constitution.

Or le chauffage avec l'anhydride acétique à 150° ne modifie en rien le produit primitif ; la phénylhydrazine et la semicarbazide ne donnent absolument rien ; enfin le corps considéré ne fixe pas le brome ; ces faits paraissent exclure les formules II et III, c'est-à-dire qu'ils se trouvent en contradiction avec la réfraction moléculaire.

D'autre part, la potasse alcoolique transforme intégralement le corps considéré en formiate de potassium et en diisoamylcarbinol que je décrirai tout à l'heure. Ceci est en faveur de la formule I, mais peut cependant s'expliquer avec la formule III en admettant que, par action de la potasse, il y a hydrolyse sur la double liaison, puis départ d'acide formique

$$\begin{matrix} C^5H^{11} - C(OH)H \\ \overline{C^5H^{11} - C(OH)OH} \end{matrix} = \begin{matrix} C^5H^{11} \\ C^5H^{11} \end{matrix}\!\!>\!CH(OH) + CO^2H^2.$$

J'ai donc cru devoir procéder encore à de nouvelles expériences.

J'ai essayé de nouveau l'éthérification par le chlorure d'acétyle et par l'acide chlorhydrique sec en solution acétique; j'ai retrouvé sans perte sensible le produit primitif.

Je l'ai enfin chauffé avec de l'acide sulfurique dilué dans l'espoir d'obtenir un oxyde.

L'acide à 20 ou 25 pour 100 ne produit pas, même au bout de vingt heures, de modification bien appréciable. Avec l'acide à 40 pour 100, j'ai obtenu une faible portion 66°-68° sous 8^{mm} qui est un hydrocarbure incomplet, car il fixe le brome; c'est vraisemblablement le produit de déshydratation du diisoamylcarbinol. Le reste est constitué par le produit initial inaltéré.

$$\text{Trouvé} \dots\dots\dots\dots\dots\dots\dots \quad C = 74,77 \qquad H = 12,44$$
$$\text{Calculé pour } C^{12}H^{24}O^2 \dots\dots \quad C = 72,00 \qquad H = 12,00$$

L'acide sulfurique paraît donc avoir provoqué une saponification partielle et avoir agi ensuite comme déshydratant sur l'alcool mis en liberté.

De toutes ces expériences, il semble bien résulter, malgré l'anomalie présentée par la réfraction moléculaire, que la réaction étudiée conduit au formiate de diisoamylcarbinol.

Ceci admis, il paraissait évident qu'il fallait employer une molécule de formiate d'éthyle par molécule de composé organomagnésien, une demi-molécule servant à la formation de l'alcool secondaire et l'autre demi-molécule à l'éthérification de cet alcool. Je repris donc l'opération avec ces proportions et je fus très étonné de retrouver une partie du formiate d'éthyle et toujours 50^{gr} de formiate de diisoamylcarbinol.

Ces 50^{gr} représentent exactement un quart de molécule qui exige pour sa formation une demi-molécule de $C^5H^{11}MgBr$; il y a donc une demi-molécule de ce composé organomagnésien qui disparaît dans une réaction secondaire. Cette réaction secondaire doit d'ailleurs donner naissance au composé $C^5H^{11}OMgBr$ qui, par l'action de l'eau, fournit l'alcool amylique que j'ai signalé précédemment, et elle n'absorbe pas de formiate d'éthyle, d'après ce que nous avons vu. Je n'ai pas trouvé, jusqu'à présent, d'explication satisfaisante de ce phénomène.

Diisoamylcarbinol. — Le diisoamylcarbinol, obtenu par saponification de son formiate, est un liquide incolore, assez mobile, d'odeur faible, qui bout à 105° sous 9^{mm}.

Analyse :

Matière	....	0,2495
CO_2	....	0,6995
H_2O	....	0,3494

d'où, en centièmes,

	Trouvé.	Calculé pour $C^{13}H^{28}O$.
C	76,44	76,74
H	14,22	13,95

On a, en outre,

$$d_0 = 0,840 \qquad d_{15,6} = 0,8305$$

$$n_D^{15,6} = 1,43801 \qquad \frac{n^2-1}{n^2+2}\cdot\frac{M}{d} = 54,387$$

$$\text{Calculé} \quad \ldots\ldots\ldots\ldots \quad R_M = 54,256$$

Diisobutylcarbinol (diméthyl-2-6 heptanol-4)

$$\begin{array}{ccccccc} & CH^3 & & & & CH^3 & \\ & | & & & & | & \\ CH^3 - CH - CH^2 - & CH(OH) & - CH^2 - CH - CH^3. \end{array}$$

Cet alcool aurait dû être étudié avant le précédent, mais, à cette place, il sera beaucoup plus facile d'élucider les circonstances de sa formation.

Nous venons de voir que la réaction des combinaisons organomagnésiennes sur le formiate d'éthyle, absolument normale dans le cas du dérivé brométhylé, est au contraire anomale avec le dérivé isoamylique. Il était intéressant de rechercher si cette anomalie était spéciale au terme considéré. J'ai donc fait réagir l'isobutylbromure de magnésium sur le formiate d'éthyle; la réaction se comporte comme précédemment; au bout de douze à quinze heures, un louchissement se produit et il se dépose une couche assez fluide et peu colorée qui, au bout de quatre jours, ne s'est pas modifiée.

Le traitement habituel permet d'isoler 40^{gr} d'un liquide incolore, mobile, d'odeur agréable, bouillant nettement à 173°-175° sous 750^{mm}, qui a donné à l'analyse les chiffres suivants :

Matière	0,2871	0,3062
CO_2	0,7179	0,8019
H_2O	0,3286	0,3513

d'où

	Trouvé		Calculé	
	I.	II.	pour $C^9H^{20}O$.	pour $C^{10}H^{20}O^2$.
C	71,47	71,42	75,00	69,77
H	12,79	12,75	13,89	11,63

Ainsi, le corps obtenu n'est ni le diisobutylcarbinol, ni son formiate, mais comme certainement ces deux composés doivent bouillir à des températures très voisines, il est possible que nous nous trouvions en présence d'un mélange des deux.

Pour m'en assurer, j'ai traité 38^{gr} de ce produit par la potasse alcoolique et j'ai obtenu 32^{gr} bouillant à 172°-174° sous 752^{mm} et donnant à l'analyse les chiffres suivants :

Matière	0,2858
CO_2	0,7864
H_2O	0,3577

d'où, en centièmes,

	Trouvé.	Calculé pour $C^9H^{20}O$
C	75,04	75,00
H	13,90	13,89

C'est du diisobutylcarbinol que j'ai achevé d'identifier par sa densité et son indice de réfraction avec celui obtenu plus haut au moyen du valéral et de l'isobutylbromure de magnésium.

Pour achever de vérifier l'hypothèse faite sur le produit de la réaction, il était nécessaire de rechercher et de doser l'acide formique dans les eaux de saponification. J'ai donc étendu les eaux potassiques, débarrassées de l'alcool éthylique, à 500^{cm^3}, et sur 25^{cm^3} j'ai dosé l'acide formique par réduction du bichlorure de mercure. J'ai obtenu $1^{gr},9073$ de calomel, ce qui représente pour la totalité $24^{gr},01$ de formiate de diiso-butylcarbinol. Les 38^{gr} traités par la potasse alcoolique se composeraient donc de 24^{gr} de formiate et de 14^{gr} de diiso-butylcarbinol. Un tel mélange devrait avoir pour composition centésimale :

$$C = 71,69 \qquad H = 12,46$$

C'est exactement la composition trouvée, comme l'indiquent les analyses rapportées plus haut.

De plus, par saponification, les 24^{gr} de formiate doivent fournir $20^{gr},1$ de diisobutylcarbinol qui, ajoutés aux 14^{gr} préexistants, donnent $34^{gr},1$ d'alcool. Or j'en ai trouvé 32^{gr} après la rectification.

On voit donc qu'au point de vue des réactions sur le formiate d'éthyle, l'isobutylbromure de magnésium constitue un terme de passage entre les réactions normales et les réactions ano-males ; il engendre un mélange de diisobutylcarbinol et de son formiate dans la proportion d'environ un tiers du premier et deux tiers du second.

Nous allons maintenant étudier d'autres éthers avec lesquels les combinaisons organozinciques se trouvent en défaut.

Triméthylcarbinol (méthyl-2 propanol-2)

$$CH^3$$
$$CH^3 - C(OH) - CH^3$$

Cet alcool, pour lequel j'ai déjà indiqué une nouvelle syn-thèse, s'obtient, avec de meilleurs rendements encore, par l'action de l'acétate de méthyle sur le méthyliodure de magné-sium. Il se produit une vive réaction et lorsque les $\frac{1}{2}$ environ de l'éther acétique sont introduits, le liquide louchit et il se sépare brusquement une couche brune, en même temps qu'il se produit un dégagement de chaleur très notable qui oblige à refroidir pendant un instant. Quand l'introduction est terminée, la réaction se continue d'une manière apparente pendant quelques instants, puis le produit liquide se transforme peu à peu en un magma cristallin bien compact. On attend jusqu'au lendemain pour soumettre au traitement habituel qui fournit 34^{gr} d'hydrate de triméthylcarbinol, soit un rendement de 82 pour 100.

Méthyldiisoamylcarbinol (triméthyl-2-5-8 nonanol-5)

$$CH^3 - CH - CH^2 - CH^2 - \overset{\overset{\displaystyle CH^3}{|}}{\underset{\underset{\displaystyle CH^3}{|}}{C}}(OH) - CH^2 - CH^2 - CH - CH^3$$

L'acétate d'éthyle, en réagissant sur l'isoamylbromure de magnésium, produit une réaction peu vive, et la combinaison qui prend naissance reste dissoute dans l'éther. Au bout de vingt-quatre heures, il ne s'est pas produit de modification apparente; on chauffe alors quelques heures au bain-marie, puis on traite comme d'ordinaire. A la distillation, on isole de l'alcool éthylique, puis une portion $120°$-$200°$ sous 750^{mm}, sans point fixe net et de laquelle je n'ai pu retirer aucun produit défini; enfin 42^{gr} d'un liquide incolore, peu mobile, dont l'odeur rappelle celle du beurre frais et qui bout à $108°$-$109°$ sous 10^{mm}. C'est le méthyldiisoamylcarbinol avec un rendement de 45 pour 100.

Analyse :

Matière	0,2771
CO²	0,7850
H²O	0,3503

d'où, en centièmes,

	Trouvé.	Calculé pour $C^{13}H^{28}O$
C	77,26	77,42
H	14,09	13,97

Il présente en outre les constantes suivantes :

$$d_0 = 0,847 \qquad d_{12,4} = 0,8371$$

$$n_D^{12,3} = 1,44253 \qquad \frac{n^2 - 1}{n^2 + 2} \frac{M}{d} = 58,841$$

$$\text{Calculé} \dotfill R_m = 58,859$$

Éther acétique. — Chauffé avec l'anhydride acétique en excès pendant vingt-quatre heures au bain-marie, cet alcool se déshydrate partiellement en donnant un hydrocarbure qui sera décrit au chapitre suivant; une moitié environ se transforme en éther acétique, liquide incolore, faiblement odorant, qui bout à 120° sous 16^{mm} et présente les constantes suivantes :

$$d_{0,4} = 0,864 \qquad n_D^{16,3} = 1,43191$$

d'où

$$\frac{n^2 - 1}{n^2 + 2} \frac{M}{d} = 68,436$$

$$\text{Calculé pour } C^{14}H^{18}O^2 \dots \quad R_m = 68,25$$

Phényldiméthylcarbinol (phène-1 méthyl-2 éthanol)

$$\overset{\textstyle CH^3}{\underset{\textstyle C^6H^5 - C(OH) - CH^3}{\vert}}$$

J'ai essayé enfin un éther d'acide aromatique, le benzoate de méthyle, que j'ai fait réagir sur le méthyliodure de magnésium.

La réaction, peu vive, donne lieu à un précipité grenu et cristallin; le lendemain, tout le contenu du ballon est pris en une masse blanche. Le traitement habituel donne, avec un rendement de 78 pour 100, le phényldiméthylcarbinol qui cristallise dans la glace et se montre absolument identique à celui dont j'ai réalisé la première synthèse au départ de l'acétophénone.

Il contient une trace de benzoate de méthyle dont on le débarrasse par chauffage avec un peu de potasse alcoolique.

Ces recherches n'étaient pas terminées lorsqu'ont paru divers travaux, entrepris au moyen de ma méthode, sur le même sujet, par M. Masson ([1]) dans la série grasse, par MM. Béhal, Tiffeneau et Sommelet ([2]) dans la série aromatique, et par M. Valeur ([3]) sur les éthers d'acides bibasiques. Tous ces travaux mettent en évidence la généralité de la méthode et son immense supériorité sur l'emploi des combinaisons organozinciques. Ils montrent, en particulier, qu'avec les éthers d'acides bibasiques la réaction ne se passe plus, comme dans la méthode de Frankland et Duppa, sur un seul carboxéthyle, mais sur les deux, et conduit par conséquent à des glycols et non à des acides-alcools.

Je m'occupe de continuer l'étude de la fonction éther-sel par celle des éthers d'acides à fonction mixte et spécialement des éthers d'acides cétoniques.

([1]) *Comptes rendus*, t. CXXXII, p. 483.
([2]) *Id.*, t. CXXXII, p. 480, 561.
([3]) *Id.*, t. CXXXII, p. 833.

CHAPITRE V.

SUR QUELQUES HYDROCARBURES OBTENUS AU COURS
DES RECHERCHES PRÉCÉDENTES.

Nous venons de voir que par l'action des combinaisons organomagnésiennes sur les aldéhydes, les cétones et les éthers-sels, on obtient en général des alcools secondaires ou tertiaires, suivant le cas. Or on sait que ces alcools, et particulièrement les tertiaires, présentent une stabilité notablement inférieure à celle des alcools primaires et que, sous diverses influences, ils se déshydratent facilement en donnant naissance à des hydrocarbures incomplets.

Il n'y a donc rien de surprenant à ce que certaines des réactions étudiées nous aient donné, au lieu de l'alcool attendu, son produit de déshydratation

Je n'ai observé ce fait, dans la série grasse, que dans le cas où le groupement fonctionnel alcoolique qui tend à se former se trouve au voisinage d'une double liaison; c'est ainsi, par exemple, que le lémonal

$$CH^3 - \overset{\overset{\textstyle CH^3}{|}}{C} = CH - CH^2 - CH^2 - \overset{\overset{\textstyle CH^3}{|}}{C} - CH - CHO$$

donne des hydrocarbures, tandis que le citronellal

$$CH^3 - \overset{\overset{\textstyle CH^3}{|}}{C} = CH - CH^2 - CH^2 - CH - CH^2 - CHO$$

donne des alcools stables; que la méthylhepténone synthétique

$$CH^3 - \overset{\overset{\textstyle CH^3}{|}}{CH} - CH^2 - CH = CH - CO - CH^3$$

fournit des hydrocarbures, alors que la méthylhepténone naturelle

$$CH^3 - \overset{\overset{\displaystyle CH^3}{|}}{C} = CH - CH^2 - CH^2 - CO - CH^3$$

conduit à des alcools stables.

Mais il n'y a pas là une règle générale; dans le cas des aldéhydes, ce fait paraît même être l'exception, et, s'il s'est toujours produit avec les cétones que j'ai étudiées, le nombre des observations n'est pas suffisant pour permettre de généraliser, d'autant plus que l'on connaît des alcools tertiaires stables qui possèdent une double liaison au voisinage du groupement fonctionnel, par exemple le diméthylisoallylcarbinol [1]

$$CH^3 - CH = CH - \overset{\overset{\displaystyle CH^3}{|}}{C}(OH) - CH^3$$

et le diméthylisopropénylcarbinol [2]

$$CH^3 - \overset{\overset{\displaystyle CH^3}{|}}{C}(OH) - \overset{\overset{\displaystyle CH^3}{|}}{C} = CH^2.$$

Dans la série aromatique, cette instabilité est beaucoup plus fréquente, sans qu'il soit nécessaire pour cela que la chaîne latérale qui porte le groupement fonctionnel contienne une double liaison voisine de celui-ci; c'est ainsi que l'aldéhyde cinnamique, l'aldéhyde anisique, le pipéronal, la benzylidène-acétone, la β-naphtylméthylcétone m'ont donné des hydrocarbures. Pour les alcools tertiaires dérivés des éthers d'acides aromatiques, cette déshydratation paraît même être la règle générale [3]. Enfin, dans la série terpénique, j'ai opéré sur la carvone, la pulégone et la menthone, qui m'ont conduit également à des hydrocarbures.

Je vais décrire dans ce Chapitre quelques-uns de ces corps et j'y joindrai quelques autres hydrocarbures provenant de la déshydratation d'alcools précédemment étudiés.

---

[1] Pawlowski, *Jahresbericht f. Chemie*, p. 349; 1872.
[2] Chlpotski et Marieza, *J. der russ. chem. Gesell.*, t. XXI, p. 432.
[3] Béhal, *Comptes rendus*, t. CXXXII, p. 480.

Diméthyl-2-4 pentadiène-1-4

$$CH^3 \qquad CH^3$$
$$CH^3 - C = CH - C = CH^3$$

Il a été obtenu avec un rendement de 70 pour 100 dans l'action de l'oxyde de mésityle sur le méthylbromure de magnésium. La réaction est assez vive et donne une combinaison soluble dans l'éther. Au bout d'une demi-journée, on soumet au traitement habituel; la solution éthérée qu'on obtient possède déjà nettement l'odeur de l'hydrocarbure. On chasse l'éther avec précaution et l'on continue la distillation à la pression ordinaire. A 70° la déshydratation commence [1] et le mélange d'eau et d'hydrocarbure passe à peu près entièrement à 80°. On décante, on sèche sur le chlorure de calcium, on distille de nouveau, puis, une dernière fois, sur le sodium. L'hydrocarbure ainsi préparé bout à 92°-93° sous 750^{mm} et répond à la formule C^7H^{12}. En effet :

Analyse :

Matière..............	0,2682	0,2532
CO^2..............	0,8558	0,8087
H^2O..............	0,3120	0,2903

d'où

	Trouvé		Calculé
	I.	II.	pour C^7H^{12}.
C.............	87,63	87,30	87,50
H.............	12,93	12,73	12,50

La cryoscopie dans le benzène a donné :

Poids de substance......	0,8530
» de benzène........	41,3699
Abaissement du point de congélation...........	1°,460

d'où

	Trouvé.	Calculé pour C^7H^{12}.
Poids moléculaire.........	92,93	96

---

[1] On n'évite pas cette déshydratation en distillant sous pression réduite.

Nous sommes donc bien en présence du produit de déshydratation de l'alcool

$$CH^3 \quad\quad CH^3$$
$$CH^3 - \overset{|}{C} = CH - \overset{|}{C}(OH) - CH^3$$

qui devait normalement se former. Or cette déshydratation peut se faire de deux manières :

I.	II.

$$CH^3 \quad CH^3 \qquad\qquad CH^3 \quad\quad CH^3$$
$$CH^3 - \overset{|}{C} = C = \overset{|}{C} - CH^3 \qquad CH^3 - \overset{|}{C} = CH - \overset{|}{C} = CH^2$$

La première formule est celle du tétraméthylallène de L. Henry [1] qui bout à 70°. L'hydrocarbure que j'ai obtenu ne peut donc que répondre à la formule II, c'est le diméthyl-2-4 pentadiène-2-4. Il constitue un liquide incolore, mobile, présentant l'odeur forte particulière aux hydrocarbures de cette série, bouillant, comme je l'ai déjà dit, à $92°$-$93°$ sous 750^{mm}, et de densité à $0°$, $d_0 = 0,7595$. La réfraction moléculaire ne cadre pas nettement avec la théorie. J'ai trouvé :

$$\text{I.} \dots\dots\quad d_{14}^0 = 0,7490 \qquad n_D^{15} = 1,43685 \qquad R_m = 34,233$$
$$\text{II.} \dots\dots\quad d_{14}^0 = 0,7414 \qquad n_D^{15} = 1,43794 \qquad R_m = 34,196$$
$$\text{Calculé pour } C^7 H^{12} \dots\dots\dots \quad 33,533$$

Dérivés bromés. — Pour mettre en évidence la tétravalence de cet hydrocarbure, j'ai préparé son tétrabromure et son dibromhydrate.

Tétrabromure. — J'ai dissous 10^{gr} du diméthylpentadiène dans 60^{gr} de chloroforme et dans cette solution, refroidie à $-8°$ = $-10°$, j'ai fait tomber, goutte à goutte, la quantité théorique de brome (Br^2) dissoute dans 2 parties de chloroforme.

Vers la fin de l'opération, il se dégage un peu d'acide bromhydrique et le liquide se colore légèrement en rouge brun. On chasse le chloroforme par un courant de gaz carbonique sec et l'on achève dans le vide sec sur la chaux vive. Il reste un liquide

---

[1] *Berichte*, t. VIII, p. 466.

fortement coloré qui ne cristallise pas, même dans un mélange
réfrigérant, et qui dégage toujours de l'acide bromhydrique.

Analyse :

$$\text{Matière} \ldots\ldots\ldots\ldots\ldots\quad 0,4395$$
$$\text{Ag Br} \ldots\ldots\ldots\ldots\ldots\quad 0,8289$$

d'où, en centièmes,

	Trouvé.	Calculé. pour $C^7H^{12}Br^4$
Br.	75,06	76,92

Quelques jours plus tard, je n'ai plus trouvé que 73,39; le
tétrabromure n'est donc pas stable.

Dibromhydrate. — J'ai alors préparé le dibromhydrate en dissolvant peu à peu 10^{gr} d'hydrocarbure dans environ 5^{mol} d'acide
acétique saturé à $0°$ d'acide bromhydrique. Au bout de douze
heures, la solution est toujours limpide; on précipite par l'eau,
on décante le bromhydrate qui s'est séparé à la partie inférieure, on le lave au bicarbonate de soude et on le sèche sur
un peu de chlorure de calcium. Il distille intégralement à $83°$-
$84°$ sous 7^{mm}; il y en a 20^{gr}.

Analyse :

$$\text{Matière} \ldots\ldots\ldots\ldots\ldots\quad 0,3252$$
$$\text{Ag Br} \ldots\ldots\ldots\ldots\ldots\quad 0,4722$$

d'où

	Trouvé.	Calculé. pour $C^7H^{12}Br^2$
Br.	62,18	62,02

Ce dibromhydrate constitue un liquide mobile, incolore au
moment de la distillation, mais qui ne tarde pas à prendre une
teinte jaune rougeâtre en dégageant de l'acide bromhydrique.

Dimère du diméthylpentadiène. — J'ai essayé d'hydrater le
diméthylpentadiène au moyen de l'acide sulfurique dilué.
L'acide à 65 pour 100 ne le dissolvant pas, j'ai employé l'acide
à 80 pour 100.

Dans 110^{cc} de cet acide refroidis dans la glace, j'ai fait tomber
peu à peu, en agitant, 22^{gr} d'hydrocarbure; la séparation en

deux couches se fait presque immédiatement. J'ai laissé le mélange encore une demi-heure dans la glace en agitant de temps à autre, puis j'ai versé le tout sur de la glace pilée. Le liquide sulfurique est alors épuisé trois fois à l'éther et la solution éthérée est lavée au bicarbonate de soude. Après distillation de l'éther, il reste 20^{gr} de résidu, il ne s'est donc pas fait de dérivé sulfonique en quantité appréciable et il est inutile de le rechercher dans les eaux sulfuriques.

A la distillation on retrouve environ 2^{gr} du produit primitif, puis 10^{gr} d'un liquide incolore, d'odeur forte, légèrement camphrée, qui bout à 98°-100° sous 12^{mm}; le reste est constitué en majeure partie par un polymère bouillant vers 210° sous 12^{mm}, et que je n'ai pas purifié.

La portion principale a donné à l'analyse :

Matière	0,2486
CO^2	0,7995
H^{2}O	0,2874

d'où

	Trouvé.	Calculé (pour C^{7}H^{12})^2.
C	87,74	87,50
H	12,85	12,50

Nous sommes donc en présence d'un polymère du carbure initial; la cryoscopie dans le bromure d'éthylène a donné :

Poids de substance	0,5873
Poids de C^{2}H^{4}Br^2	36,7468
Abaissement observé	0°,945

d'où

	Trouvé.	Calculé pour (C^{7}H^{12})^2.
Poids moléculaire	200,6	192

Le corps obtenu est donc le dimère du diméthylpentadiène et la polymérisation n'a dû se faire que par une seule des doubles liaisons, car il fixe toujours le brome. J'ai déterminé les constantes suivantes :

$$d_0 = 0,8869, \qquad\qquad d_{15} = 0,8706$$
$$n_D^{19} = 1,48483, \qquad \text{d'où} \qquad R_m = 63,19$$
$$\text{Calculé pour (C}^7\text{H}^{12}\text{)}^2 \text{ avec deux doubles liaisons...} \quad 63,65$$

Diméthyl-2-6 heptadiène-4-6 *

$$CH^3 \qquad\qquad\qquad\qquad CH^3$$
$$CH^3 - CH - CH^2 - CH = CH - C = CH^2$$

L'action de la méthylhepténone synthétique de MM. Barbier
et Bouveault

$$CH^3$$
$$CH^3 - CH - CH^2 - CH = CH - CO - CH^3$$

sur le méthyliodure de magnésium donne une combinaison soluble dans l'éther. Lorsque après le traitement habituel on chasse
l'éther au bain-marie, il se sépare de l'eau et le liquide noircit,
bien que, cependant, il ne contienne pas trace d'iode.

A la distillation, on isole environ les deux tiers vers 60° sous
15^{mm}, puis une faible portion 70°-100°, et il reste un résidu
assez abondant qui se décompose.

La portion principale abandonne encore de l'eau quand on la
redistille et pour achever de la déshydrater il est nécessaire de
la chauffer pendant quelques heures avec du bisulfate de potassium fondu.

J'ai complété la purification par trois distillations sur le
sodium et j'ai obtenu finalement un liquide incolore, mobile, d'odeur forte et un peu terpénique, qui bout à 143°-145°
sous 755^{mm}.

Analyse :

Matière	0,3029
CO^2	0,9640
H^2O	0,3575

d'où, en centièmes :

	Trouvé.	Calculé pour C^9H^{16}.
C	86,86	87,09
H	13,11	12,91

Cryoscopie dans l'acide acétique :

Matière	1,0090
Acide acétique	33,5619
Abaissement observé	0°,965

G.   6 d'où :

	Trouvé	Calculé pour C^9H^{16}
Poids moléculaire...	121,6	124

Cependant la réfraction moléculaire s'éloigne encore plus de la théorie que celle du diméthylpentadiène.

J'ai trouvé, en effet :

$$d_{40}^4 = 0,7648, \qquad n_D^{19} = 1,46202$$

d'où

	Trouvé.	Calculé pour C^9H^{16} avec 2 doubles liaisons.
R_m............	44,372	42,739

Quoi qu'il en soit, l'hydrocarbure obtenu paraît bien être le produit de déshydratation de l'alcool instable

$$CH^3 - CH - CH^2 - CH = CH - \overset{\displaystyle CH^3}{\underset{\displaystyle |}{C}}(OH) - CH^3$$

Par analogie avec l'hydrocarbure précédent ([1]), je crois pouvoir admettre que cette déshydratation se fait vers l'extrémité de la chaine, c'est-à-dire qu'elle tend à donner un hydrocarbure diéthylénique plutôt qu'un allénique. D'ailleurs, pas plus que le précédent, cet hydrocarbure ne précipite le bichlorure de mercure en solution aqueuse ou alcoolique. Nous avons donc le diméthyl-2-6 heptadiène-4-6.

Dibromhydrate. — Le dibromhydrate a été préparé, comme celui de l'hydrocarbure précédent, au moyen de la solution acétique d'acide bromhydrique. Après lavage au bicarbonate de soude et séjour dans le vide sec sur la chaux vive, on peut

---

([1]) Les deux alcools instables sont en effet du même type :

$$(R)' - CH - \overset{\displaystyle CH^3}{\underset{\displaystyle |}{C}}(OH) - CH^3$$

l'analyser sans le distiller; il répond bien alors à la composition prévue :

$$\text{Matière} \dots \dots \dots \dots \quad 0,3075$$
$$\text{AgBr} \dots \dots \dots \dots \quad 0,4060$$

d'où

	Trouvé.	Calculé pour $C^9H^{14}Br^2$.
Br	56,19	55,94

Si on le distille, il bout nettement à $110°$-$112°$ sous 10^{mm}, mais il perd un peu d'acide bromhydrique :

$$\text{Matière} \dots \dots \dots \quad 0,2618 \qquad 0,2386$$
$$\text{AgBr} \dots \dots \dots \quad 0,3270 \qquad 0,2975$$

d'où

	Trouvé.	
	I.	II.
Br	53,15	53,06

Il ne tarde pas, d'ailleurs, à se colorer fortement, mais ne fume pas, tandis que le dibromhydrate de diméthylpentadiéne se colore beaucoup plus lentement, mais perd continuellement de l'acide bromhydrique.

Diméthyl-2-6 nonatriène-2-6-8

$$CH^3 - \overset{\overset{\textstyle CH^3}{|}}{C} = CH - CH^2 - CH^2 - \overset{\overset{\textstyle CH^3}{|}}{C} = CH - CH = CH^2.$$

Le lémonal (ou citral, diméthyl-2-6 octadiénal-2-6-8) réagit violemment sur le méthyliodure de magnésium en donnant une combinaison soluble dans l'éther. Après douze heures de repos, on chauffe deux heures au bain-marie, puis on soumet au traitement habituel. La réaction a dû être complète, car le bisulfite de soude n'enlève pas de lémonal.

Le résidu de la solution éthérée est rectifié sous pression réduite. La majeure partie du liquide passe avec formation d'eau à $90°$-$100°$ sous 10^{mm}; on continue la distillation jusqu'à $115°$ et on recueille ainsi 135^{gr} (à partir d'une molécule); il reste 20^{gr} de produits visqueux qui se décomposent.

Si l'on essaie de redistiller, il se sépare encore de l'eau, surtout si l'on opère à la pression ordinaire.

Pour parachever la déshydratation, on chauffe le liquide
à 120°-130° avec de l'anhydride acétique pendant six heures et
l'on complète la purification en distillant sur le sodium.

On obtient de la sorte un liquide incolore, mobile, d'odeur
citronnée agréable, de densité $d_0 = 0,8215$, qui bout à 195°-197°
sous 750^{mm} et à 76°-78° sous 8^{mm}. La distillation à la pression
ordinaire en polymérise une notable proportion qui ne distille
plus qu'à 190°-200° sous 10^{mm}.

Analyse :

Matière	0,3664
CO_2	0,8559
H_2O	0,2944

d'où, en centièmes :

	Trouvé.	Calculé pour $C^{11}H^{18}$.
C	87,72	88,00
H	12,29	12,00

La cryoscopie dans le benzène a donné :

Matière	0,9943
Benzène	32,1215
Abaissement observé	1°625

d'où

	Trouvé.	Calculé pour $C^{11}H^{18}$.
Poids moléculaire	148	150

L'hydrocarbure obtenu est donc bien le produit de déshydratation de l'alcool que j'avais cherché à préparer :

$$CH^3-\overset{\overset{\textstyle CH^3}{|}}{C}=CH-CH^2-CH^2-\overset{\overset{\textstyle CH^3}{|}}{C}=CH-CH(OH)-CH^3.$$

Cette déshydratation peut se faire de deux manières :

$$\text{I}\qquad CH^3-\overset{\overset{\textstyle CH^3}{|}}{C}=CH-CH^2-CH^2-\overset{\overset{\textstyle CH^3}{|}}{C}=CH-CH=CH^2,$$

$$\text{II}\qquad CH^3-\overset{\overset{\textstyle CH^3}{|}}{C}=CH-CH^2-CH^2-\overset{\overset{\textstyle CH^3}{|}}{C}=C=CH-CH^3,$$

c'est-à-dire que l'on peut avoir un hydrocarbure triéthylénique ou un hydrocarbure éthylénique et allénique.

L'extrémité de la chaîne alcoolique n'est pas tout à fait identique à celle des deux alcools instables qui ont fourni les hydrocarbures précédents

$$= CH - \overset{\displaystyle CH^3}{\underset{|}{C}}(OH) - CH^3,$$

aussi ne pouvons-nous plus, avec la même sécurité, raisonner par analogie. Il y a donc lieu de vérifier l'existence des trois liaisons éthyléniques et la position de la troisième, les deux premières étant fixées par la constitution bien établie du lémonal.

Disons tout de suite que, le corps considéré ne précipitant pas le bichlorure de mercure, c'est la formule I qui est la plus probable.

La réfraction moléculaire ne fournit pas d'indication utile, car elle est notablement supérieure à la théorie. J'ai trouvé, en effet, sur deux préparations différentes :

$$1° \qquad d_{1,5}^4 = 0,814, \qquad n_0^{14,3} = 1,48686, \qquad \frac{n^2-1}{n^2+2}\frac{M}{d} = 52,984,$$

$$2° \qquad d_{1,2}^4 = 0,814, \qquad n_6^{3,3} = 1,48676, \qquad \frac{n^2-1}{n^2+2}\frac{M}{d} = 52,958,$$

Calculé pour $C^{11}H^{18}$ avec 3 doubles liaisons : $R_m = 51,550$.

Il n'y a pas lieu, pour le moment, de s'arrêter à cette anomalie pour deux raisons :

1° Parce que la formule de Lorentz n'est qu'approchée et cesse de s'appliquer convenablement lorsqu'on arrive aux chaînes aliphatiques qui contiennent trois doubles liaisons ou davantage ;

2° Parce que le lémonal, dont la chaîne constitue la majeure partie de l'édifice de notre hydrocarbure, présente lui-même une anomalie de même sens (¹) qui suffirait à expliquer celle que nous venons de constater.

(¹) SEMMLER, *Berichte*, t. XXIV, p. 902. — TIEMANN et KRÜGER, *Berichte*, t. XXVI, p. 2709.

Tribromhydrate. — L'existence des trois doubles liaisons
a été mise en évidence par la préparation du tribromhydrate au
moyen de la solution acétique d'acide bromhydrique saturée
à 0°. Celui-ci se dépose presque immédiatement de la liqueur
acétique; on le décante, on le lave à l'eau et au bicarbonate de
soude, puis on l'expose dans le vide sec sur la chaux vive. Il se
sépare bientôt une très faible quantité de petits cristaux blancs
qui n'augmente pas en prolongeant le séjour dans le vide, ni
en plaçant le liquide dans un mélange de glace et de sel; je n'ai
pu par suite en isoler suffisamment pour l'analyse.

L'analyse de la portion liquide a donné :

$$\text{Matière} \dots\dots\dots\dots\dots\dots \quad 0,3160$$
$$\text{AgBr} \dots\dots\dots\dots\dots\dots \quad 0,4509$$

d'où

Trouvé.	Calculé pour $C^{11}H^{21}Br^3$.
60,72	61,07

Il s'est donc formé deux ou plusieurs tribromhydrates iso-
mères, dont un cristallisé, mais en proportion trop faible pour
qu'on puisse le séparer.

L'hexavalence de l'hydrocarbure établie, il nous reste à
choisir entre les formules I et II écrites plus haut.

L'hydratation par l'acide sulfurique transformant les hydrocarbures diéthyléniques en glycols et les alléniques en cétones,
on pouvait espérer obtenir, dans le cas présent, une glycérine
ou un alcool cétonique, ce qui aurait tranché la question. En
fait, l'acide sulfurique n'agit pas ici de cette manière, mais produit simplement une isomérisation, comme nous allons le voir.

Isomère cyclique. — Dans 100ᵍʳ d'acide sulfurique à
80 pour 100, refroidi par de la glace, on fait tomber goutte à
goutte, en agitant, 20ᵍʳ de diméthylnonatriène; l'hydrocarbure
se dissout en même temps que le liquide prend une coloration
rouge brun. On laisse revenir à la température ordinaire; il
se sépare peu à peu une couche supérieure brune. Au bout
d'une heure, on verse le tout sur de la glace pilée, on extrait

quatre fois à l'éther et on lave la solution éthérée avec un peu d'eau pure, puis au bicarbonate de soude. On distille enfin l'éther et on rectifie le résidu sous pression réduite; la moitié passe entre 65° et 75° sous 10^{mm}, le reste est constitué presque entièrement par un polymère bouillant vers 190° sous 8^{mm}, qui doit être probablement identique à celui que j'ai déjà signalé dans la distillation du diméthylnonatriène à la pression ordinaire, mais que je n'ai pas étudié.

La portion inférieure n'attaque pas le sodium; redistillée sur ce métal, elle constitue un liquide incolore, mobile, d'odeur de térébenthène, qui bout à 67°-69° sous 9^{mm} et à 183°-185° sous 741^{mm} et qui répond, comme l'hydrocarbure primitif, à la formule $C^{11}H^{18}$.

Analyse :

Matière............................	0,2645
CO^2	0,8543
H^2O	0,2871

d'où, en centièmes,

	Trouvé.	Calculé pour $C^{11}H^{18}$.
C................	88,09	88,00
H................	12,06	12,00

Ainsi, le nouvel hydrocarbure est un isomère du premier et en diffère par les caractères suivants : l'odeur est devenue térébénique, le point d'ébullition s'est abaissé d'environ 12° et la densité a augmenté, $d_0 = 0,8525$ (au lieu de 0,8215). Ces modifications ne permettent guère de douter que le second hydrocarbure soit cyclique; c'est d'ailleurs à cette conclusion que nous amène encore la réfraction moléculaire

$$d^4_{0,9} = 0,8450 \qquad n^{20}_D = 1,47281 \qquad \frac{n^2-1}{n^2+2}\frac{M}{d} = 49,779$$

Calculé pour $C^{11}H^{18}$ avec 2 doubles liaisons $R_m = 49,843$

L'action de l'acide sulfurique a donc dû fixer d'abord une molécule d'eau sur une double liaison, puis provoquer le départ de H^2O d'une autre manière, de façon à fermer la chaîne.

Pour étudier plus facilement ce nouveau terpène, j'ai essayé d'abord d'améliorer sa préparation : je n'y ai malheureusement pas réussi. J'ai essayé l'acide sulfurique à 70 pour 100, refroidi à $-10°$; il ne dissout pas le diméthylnonatriène et ne donne aucun résultat.

L'ébullition pendant vingt-quatre heures avec 10 parties d'acide acétique à 50 pour 100 n'isomérise que partiellement l'hydrocarbure et donne toujours abondamment le polymère.

Enfin l'ébullition prolongée avec dix parties d'acide sulfurique à 2 pour 100 ne donne que des quantités très faibles du produit cherché et encore est-il souillé d'impuretés qui lui communiquent une odeur désagréable.

Je m'en suis donc tenu au procédé décrit au début.

Constitution des deux hydrocarbures $C^{11}H^{18}$. — La recherche de la constitution des deux hydrocarbures $C^{11}H^{18}$ que j'ai préparés m'a amené à étudier la déshydratation d'un alcool isomère de celui dont j'ai tenté la synthèse ; c'est l'homolinalol (allylméthylhepténylcarbinol ; diméthyl-2-6 nonadiène-2-8 ol-6) de Tiemann ([1]) et de Barbier et Bouveault ([2])

$$\mathrm{CH^3-\overset{\overset{CH^3}{|}}{C}=CH-CH^2-CH^2-\overset{\overset{CH^3}{|}}{C}(OH)-CH^2-CH=CH^2.}$$

Par déshydratation, cet alcool pourrait donner normalement deux hydrocarbures

$$\text{I.}\quad \mathrm{\underset{1}{CH^3}-\underset{2}{\overset{\overset{CH^3}{|}}{C}}=\underset{3}{CH}-\underset{4}{CH^2}-\underset{5}{CH^2}-\underset{6}{\overset{\overset{CH^3}{|}}{C}}=\underset{7}{CH}-\underset{8}{CH}=\underset{9}{CH^2},}$$

$$\text{II.}\quad \mathrm{CH^3-\overset{\overset{CH^3}{|}}{C}=CH-CH^2-CH=\overset{\overset{CH^3}{|}}{C}-CH^2-CH=CH^2.}$$

---

(1) *Berichte*, t. XXIX, p. 693.

(2) *Comptes rendus*, t. CXXII, p. 842. — Pour préparer cet alcool, j'ai modifié la méthode de Barbier et Bouveault en remplaçant l'iodure d'allyle par le bromure et en faisant tomber peu à peu le mélange de méthylhepténone naturelle, de bromure d'allyle et d'éther anhydre sur du zinc finement granulé et en léger excès sur la théorie. La réaction, amorcée au bain-marie, se continue d'elle-même et donne une combinaison entièrement soluble qui, traitée par l'eau, fournit l'alcool cherché avec un rendement de 81 pour 100.

Comparons à ces deux formes celles que peut fournir l'alcool
instable dérivé du lémonal :

$$\text{III.} \qquad \overset{\displaystyle CH^3}{\underset{1}{CH^3}}-\overset{|}{\underset{2}{C}}=\underset{3}{CH}-\underset{4}{CH^2}-\underset{5}{CH^2}-\overset{CH^3}{\underset{6}{C}}=\underset{7}{CH}-\underset{8}{CH}=\underset{9}{CH^2},$$

$$\text{IV.} \qquad CH^3-\overset{CH^2}{C}=CH-CH^2-CH^2-\overset{CH^2}{C}=C=CH-CH^3.$$

On voit immédiatement que les formules I et III sont identiques; par conséquent, si la déshydratation de l'allylméthylhepténylcarbinol pouvait nous conduire à un hydrocarbure
identique à notre diméthylnonatriène, la question serait résolue
pour cet hydrocarbure. Cela résulte évidemment de ce que,
dans la formule I, la double liaison 8 a sa position déterminée
d'avance, d'après la constitution de l'alcool générateur, tandis
que dans la formule III, c'est la double liaison 6 qui est dans
ce cas.

Or Tiemann a réalisé la déshydratation de son homolinalol
par l'action d'anhydrides d'acides organiques d'ordre un peu
élevé et il a obtenu un hydrocarbure cyclique dont il n'a pas
étudié la constitution.

J'ai donc repris ces essais par une autre méthode. J'ai chauffé
l'homolinalol avec moitié de son poids de bisulfate de potassium
fondu, au bain-marie, pendant une heure. La déshydratation est
intégrale et on obtient, avec une petite quantité de polymères,
un hydrocarbure bouillant à $182°-184°$ sous 750^{mm} identique à
celui de Tiemann.

Mais ce n'est pas tout; cet hydrocarbure présente même
point d'ébullition, même densité et même indice de réfraction
que le produit d'isomérisation du diméthylnonatriène; on peut
donc le considérer comme identique à celui-ci. D'ailleurs, pour
mieux mettre en évidence ces relations, je vais indiquer, en
regard, d'une part les constantes de Tiemann et les miennes
pour le produit de déshydratation de l'allylméthylhepténylcarbinol et, d'autre part, les constantes que j'ai trouvées pour
l'isomère du diméthylnonatriène :

Déshydratation de l'allylméthylhepténylcarbinol.

	Point d'ébullition.	Densité.	Indice de réfraction.
Tiemann..........	182°–185°	$d_{16} = 0,8415$	$n_D = 1,47292$
Grignard.........	182°–184°	$d_{4,3}^{1} = 0,8469$	$n_D^{18} = 1,47025$

Isomère du diméthylnonatriène.

Grignard.........	183°–185°	$d_{4,3}^{1} = 0,8450$	$n_D^{17} = 1,47281$
		$d_4 = 0,8525$	

Nous verrons, en outre, un peu plus loin qu'ils se comportent de la même manière à l'oxydation.

L'identité de ces deux hydrocarbures étant admise, voyons comment nous pourrons concilier les faits observés.

Reprenons les deux corps qui conduisent à notre unique terpène et examinons successivement les divers modes de fermeture possibles.

Remarquons tout d'abord que, lorsqu'on fixe une molécule d'eau sur une chaîne présentant plusieurs doubles liaisons, l'hydroxyle OH se porte toujours de préférence sur l'atome de carbone le moins chargé d'hydrogène.

Dans le cas de l'allylméthylhepténylcarbinol

$$\overset{CH^3}{\underset{1}{C}H^3 - \underset{2}{C} = \underset{3}{C}H - \underset{4}{C}H^2 - \underset{5}{C}H^2 - \overset{CH^3}{\underset{6}{C}(OH)} - \underset{7}{C}H^2 - \underset{8}{C}H = \underset{9}{C}H^2}$$

la déshydratation semble devoir se faire tout naturellement entre les atomes de carbone 1 et 6, ce qui donnerait naissance au schéma I :

$$1. \quad \begin{Bmatrix} & \overset{CH^3}{C} & \\ HC & & CH^3 \\ H^2C & C(OH) & \end{Bmatrix} \begin{matrix} CH^2 - CH = CH^2 \\ CH^3 \end{matrix} \rightarrow \begin{Bmatrix} & \overset{CH^3}{C} & \\ HC & & CH^3 \\ H^2C & C & \end{Bmatrix} \begin{matrix} CH^2 - CH = CH^2 \\ CH^3 \end{matrix}$$

Ce serait un mode de fermeture tout à fait comparable à celui

qui a conduit Verley [1] au dihydrométaxylène par déshydratation de la méthylhepténone naturelle

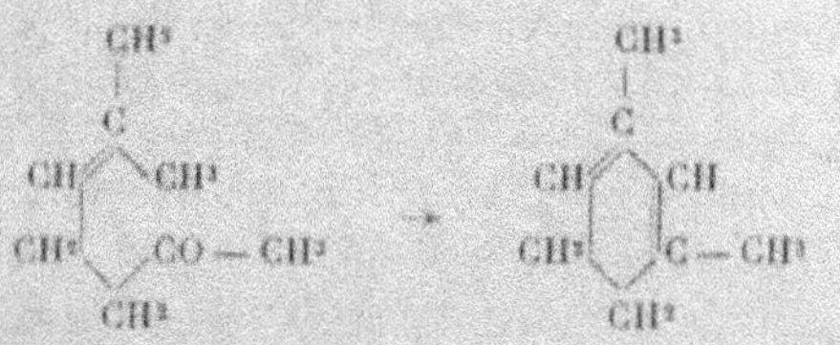

$$CH^3-C(CH^3)(CH^3)\cdots CH^2-CO-CH^3 \quad \rightarrow \quad CH^3-C(CH)(CH)\cdots CH^2-C-CH^3$$

Mais on peut envisager un autre processus dans lequel la
déshydratation se ferait d'abord entre l'atome de carbone 6 et
l'un des atomes voisins, puis la molécule d'eau mise en liberté
émigrerait sur la double liaison 2 pour partir de nouveau
entre 2 et 7. Nous y reviendrons tout à l'heure. Quelle que soit
celle de ces deux hypothèses à laquelle nous nous arrêtions, il
est un fait certain, c'est que la double liaison 8, entre un atome
de carbone secondaire et un tertiaire, ne jouera aucun rôle dans
la fermeture de la chaîne. Elle se retrouvera donc à la même
place dans l'hydrocarbure cyclique et, par suite, elle doit s'y
trouver déjà dans le diméthylnonatriène et dans le diméthylno-
nadiénol qui donnent naissance à ce même terpène.

Il suit de là que dans le diméthylnonatriène la troisième
double liaison, de position encore incertaine, ne peut être
qu'en 8 et que, par conséquent, il répond à la formule

$$\underset{1}{CH^3}-\underset{2}{C}=\underset{3}{CH}-\underset{4}{CH^2}-\underset{5}{CH^2}-\underset{6}{C}=\underset{7}{CH}-\underset{8}{CH}=\underset{9}{CH^2},$$

avec CH^3 en 2 et CH^3 en 6,

c'est le diméthyl-2-6 nonatriène-2-6-8.

Or cet hydrocarbure est constitué absolument de la même
manière que la pseudoïonone dont le mécanisme d'isomérisation
cyclique a été mis en lumière par MM. Barbier et Bouveault [2] :

---

[1] *Bull. Soc. chim.* [3], t. XVII, p. 175.
[2] *Bull. Soc. chim.* [3], t. XV, p. 1006.

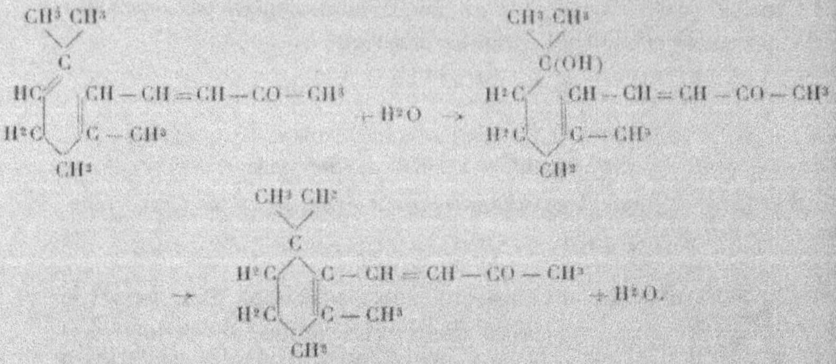

$$CH^3\ CH^3 \diagdown C \diagdown$$

$$HC \diagup \diagdown CH - CH = CH - CO - CH^3$$
$$H^2C \diagdown \diagup C - CH^3$$
$$CH^2$$

$$+ H^2O \rightarrow$$

$$CH^3\ CH^3 \diagdown C(OH) \diagdown$$
$$H^2C \diagup \diagdown CH - CH = CH - CO - CH^3$$
$$H^2C \diagdown \diagup C - CH^3$$
$$CH^2$$

$$\rightarrow \qquad CH^3\ CH^2 \diagdown C \diagdown$$
$$H^2C \diagup \diagdown C - CH = CH - CO - CH^3 \qquad + H^2O.$$
$$H^2C \diagdown \diagup C - CH^3$$
$$CH^3$$

Avec notre hydrocarbure, nous devrions donc avoir parallèlement fixation d'une molécule d'eau sur la double liaison 2, puis déshydratation entre 2 et 7 :

$$H. \begin{cases} CH^3\ CH^3 \diagdown C \diagdown \\ HC \diagup \diagdown CH - CH = CH^2 \\ H^2C \diagdown \diagup C - CH^3 \\ CH^2 \end{cases} \rightarrow \quad CH^3\ CH^3 \diagdown C(OH) \diagdown \quad H^2C \diagup \diagdown CH - CH = CH^2 \quad H^2C \diagdown \diagup C - CH^3 \quad CH^2$$

$$\rightarrow \qquad CH^3\ CH^3 \diagdown C \diagdown$$
$$H^2C \diagup \diagdown C - CH = CH^2$$
$$H^2C \diagdown \diagup C - CH^3$$
$$CH^2$$

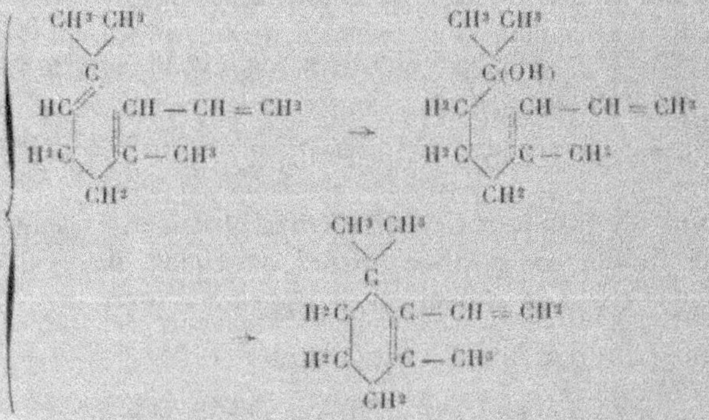

C'est précisément le schéma auquel nous conduisait la seconde hypothèse sur la déshydratation de l'allylméthylhepténylcarbinol et pour laquelle nous avions été obligé d'admettre la migration de la molécule d'eau.

Cette migration de l'eau paraît, il est vrai, assez difficile à admettre en présence de déshydratants comme le bisulfate de potassium.

Au contraire, on conçoit volontiers que l'hydratation du diméthylnonatriène se fasse sur la double liaison 6, ce qui nous conduit à l'allylméthylhepténylcarbinol, lequel, se déshydratant entre 1 et 6, nous ramène au schéma I.

Dans l'espoir de trancher entre ces deux constitutions, j'ai soumis le terpène étudié à l'oxydation. En considérant les deux schémas, on voit que l'oxydation du premier ne peut guère donner que des acides de faible condensation en carbone, tandis que par l'oxydation du second schéma on pourrait obtenir l'acide α *gem.* diméthyladipique.

J'ai pratiqué l'oxydation de deux manières, successivement sur un échantillon de terpène de chacune des deux provenances, afin de contrôler l'identité de constitution par celle des produits de destruction de la molécule :

1° J'ai bloqué les doubles liaisons par la méthode de Wagner au moyen du permanganate à 1 pour 100, puis j'ai oxydé par un mélange chromique dégageant O^8. Je n'ai pu reconnaître dans les produits d'oxydation que de l'acétone et une très faible quantité d'acide acétique ;

2° J'ai alors oxydé directement par un mélange chromique dégageant O^6 ; j'ai retrouvé plus de la moitié de l'hydrocarbure inaltérée, et le reste était complétement brûlé, comme dans le cas précédent.

Ainsi, malgré l'analogie de structure entre le diméthylnonatriène et la pseudoionone, l'isomérisation de cet hydrocarbure ne paraît pas se faire d'après le même processus, mais plutôt d'après celui auquel conduit la déshydratation de l'allylméthylhepténylcarbinol.

En résumé, le diméthylnonatriène paraît répondre à la formule :

$$CH^3\text{—}\underset{\underset{CH^3}{|}}{C}=CH\text{—}CH^2\text{—}CH^2\text{—}\underset{\underset{CH^3}{|}}{C}=CH\text{—}CH=CH^2$$

et son isomère cyclique à la suivante :

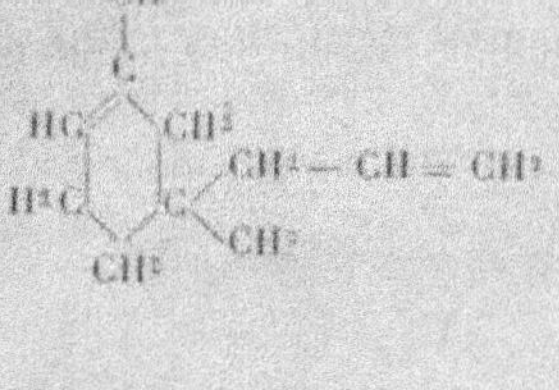

$$\begin{array}{c}CH^3\\ |\\ C\\ \end{array}$$

$$HC\diagup CH^3\qquad\qquad CH^2\text{—}CH=CH^2$$
$$H^2C\qquad C\diagdown CH^3$$
$$CH^3$$

Ce dernier est un dérivé tétrahydroaromatique de la série méta. Il donne un dibromhydrate bouillant vers $130°$-$135°$ sous 10^{mm}, que je n'ai pu isoler à l'état de pureté.

Méthène-3 terpène-4-8

$$
\begin{array}{c}
{}^{7}CH^{3} \\
| \\
C \\
\\
H^{3}C_{6}\diagup{}^{1}\qquad{}^{2}\diagdown CH^{3} \\
\\
H^{3}C^{5}\qquad\qquad{}^{3}C = CH^{2} \\
{}_{4}\diagdown\qquad\diagup \\
C \\
\| \\
{}_{8}C \\
\diagup\quad\diagdown \\
CH^{3}\quad CH^{3} \\
{}_{10}\qquad{}_{9}
\end{array}
$$

Un isomère cyclique des deux hydrocarbures précédents a été obtenu en faisant réagir la pulégone sur le méthyliodure de magnésium.

La réaction est peu vive et donne une combinaison soluble dans l'éther. Au bout de vingt-quatre heures, on traite comme d'ordinaire et l'on rectifie dans le vide. Entre $98°$ et $105°$ sous 10^{mm}, on recueille avec un peu d'eau 145^{gr} d'un liquide qui sent fortement la pulégone. Il semblerait donc qu'il ne se soit rien fait et qu'on retrouve simplement la pulégone introduite ([1]). Cependant, si l'on essaie de redistiller, une nouvelle séparation d'eau se produit. J'ai alors chauffé le tout au bain-marie, pendant six heures, avec un excès d'anhydride acétique.

J'ai pu ensuite isoler à peu près la moitié sous forme d'un hydrocarbure bouillant à $62°$-$68°$, sous 10^{mm}; le reste est constitué par de la pulégone inaltérée.

Redistillé sur le sodium, le nouvel hydrocarbure bout à $64°$-$65°$, sous 9^{mm}, et à $177°$-$179°$ sous 744^{mm}. C'est un liquide incolore, mobile, d'odeur terpénique, faiblement menthée, et de densité $d_0 = 0,8518$.

([1]) La pulégone bout à $100°$-$101°$ sous 13^{mm}.

Analyse :

$$
\begin{aligned}
\text{Matière} &\ldots\ldots\ldots\ldots\ldots\ldots\ldots 0,2380 \\
CO^2 &\ldots\ldots\ldots\ldots\ldots\ldots\ldots 0,7680 \\
H^2O &\ldots\ldots\ldots\ldots\ldots\ldots\ldots 0,2640
\end{aligned}
$$

d'où, en centièmes,

	Trouvé.	Calculé pour $C^{11}H^{18}$.
C	87,98	88,00
H	12,32	12,00

La cryoscopie dans l'acide acétique donne un poids moléculaire anormal (j'ai trouvé 173,8 et 175,3 au lieu de 150), mais dans le bromure d'éthylène, on trouve une valeur conforme à la théorie :

$$
\begin{aligned}
\text{Matière} &\ldots\ldots\ldots\ldots\ldots 0,4624 \\
C^2H^4Br^2 &\ldots\ldots\ldots\ldots\ldots 43,3085 \\
\text{Abaissement observé} &\ldots\ldots\ldots\ldots 0^\circ,710
\end{aligned}
$$

d'où

	Trouvé.	Calculé pour $C^{11}H^{18}$.
Poids moléculaire	154	150

La réfraction moléculaire déterminée sur deux préparations différentes m'a donné des nombres concordants, mais un peu forts :

$$
\begin{aligned}
d_{4,2}^{2} &= 0,8479 & n_D^{8,9} &= 1,47860 \\
d_{6,2}^{2} &= 0,8449 & n_D^{9,2} &= 1,47810
\end{aligned}
$$

d'où

	Trouvé.		Calculé pour $z =$
	I.	II.	
R_m	50,23	50,26	49,843

L'hydrocarbure obtenu est donc bien le produit de déshydratation de l'alcool prévu par la théorie, et comme cette déshydratation doit être beaucoup plus facile en dehors du noyau que dans le noyau lui-même, cet hydrocarbure doit vraisemblablement posséder la formule écrite en tête de cet article : c'est le méthène-3 terpène 4-8.

Je n'ai pu en préparer le nitrosochlorure.

Dérivés bromés. — J'ai essayé de préparer son tétrabromure par action du brome en solution chloroformique dans un mélange réfrigérant. Lorsqu'on a introduit un peu plus de la moitié du brome, l'acide bromhydrique se dégage abondamment. Le produit obtenu, débarrassé du chloroforme par un courant de gaz carbonique sec et maintenu quelques jours dans le vide sec sur la chaux vive, a donné à l'analyse :

$$\text{Matière.} \dots \dots \dots \dots \quad 0,3285$$
$$\text{Ag Br.} \dots \dots \dots \dots \quad 0,4276$$

d'où

	Trouvé.	Calculé pour	
		$C^{14}H^{22}Br^4$.	$C^{14}H^{22}Br^2$.
Br.	55,39	68,09	51,61

C'est donc un mélange de dibromure et d'un peu de tétrabromure ou de tribromure $C^{14}H^{22}Br^2$ (Br pour 100 = 61,70).

Je n'ai pu rien en séparer par cristallisation. J'ai alors repris l'opération en ne faisant tomber que Br^2 au lieu de Br^4, mais le liquide se colore encore assez rapidement, et lorsque l'introduction du brome est terminée, il ne tarde pas à se dégager de l'acide bromhydrique; aussi l'analyse indique-t-elle un fort déficit en brome :

$$\text{Matière.} \dots \dots \dots \dots \quad 0,3795$$
$$\text{Ag Br.} \dots \dots \dots \dots \quad 0,3935$$

d'où

	Trouvé.	Calculé pour $C^{14}H^{22}Br^2$.
Br.	44,12	51,61

Le dibromure, ni le tétrabromure ne sont donc stables.

Dibromhydrate. — J'ai préparé le dibromhydrate en saturant de gaz bromhydrique sec la solution acétique du méthèneterpène. Après traitement, j'ai obtenu un liquide assez mobile, peu coloré en jaune et ne fumant pas à l'air :

$$\text{Matière.} \dots \dots \dots \dots \quad 0,2892$$
$$\text{Ag Br.} \dots \dots \dots \dots \quad 0,3460$$

d'où

	Trouvé.	Calculé pour $C^{14}H^{24}Br^2$.
Br.	50,91	51,38

Méthène-3 menthane.

$$
\begin{array}{c}
\overset{7}{C}H^3 \\
| \\
CH \\
\end{array}
$$

$$H^2\overset{6}{C} \quad \overset{2}{C}H^3$$

$$H^2\overset{5}{C} \quad \overset{3}{C} = CH^2$$

$$
\begin{array}{c}
\overset{4}{C}H \\
| \\
\overset{8}{C}H \\
\end{array}
$$

$$\overset{10}{C}H^3 \quad \overset{9}{C}H^3$$

La menthone réagit modérément sur le méthyliodure de magnésium ; après douze heures de repos, on chauffe le produit de la réaction pendant six heures au bain-marie, puis on décompose et on traite comme d'habitude. A la distillation, presque tout passe entre 90° et 96° sous 10^{mm} (125^{gr}) ; le reste est constitué par des produits de polymérisation.

Le liquide recueilli sent fortement la menthone ; son point d'ébullition, plus élevé d'une dizaine de degrés, permet de supposer que l'on est en présence d'un mélange de menthone et du méthylmenthol qui a dû normalement prendre naissance. Le bisulfite de soude ne se combinant pas à la menthone, la séparation ne peut être effectuée par ce procédé.

La distillation ne donnant pas non plus de bons résultats, j'ai essayé d'éthérifier l'alcool formé et j'ai traité pour cela tout le produit obtenu par le chlorure d'acétyle en excès. Il s'est déclaré au bout d'un instant une réaction extrêmement vive que j'ai complétée en chauffant au bain-marie pendant deux heures.

Après traitement à l'eau et lavage au bicarbonate de soude, j'ai obtenu comme produit principal un liquide bouillant à 115°-120° sous 10^{mm}, qui paraît contenir une assez forte proportion de chlore. C'est probablement l'acétate du méthylmenthol souillé d'un peu de l'éther chlorhydrique.

Je l'ai traité, sans l'analyser, par la potasse alcoolique pen-

G. 7

dant trois heures au bain-marie. A la distillation, la majeure partie passe entre 70° et 80° sous 10^{mm}; c'est un hydrocarbure qui, redistillé sur le sodium, bout à 72°-74° sous 10^{mm}.

Il constitue un liquide incolore, mobile, d'odeur menthée et terpénique un peu plus forte que celle du méthène-terpène précédent; c'est vraisemblablement le méthène-3 menthane, c'est-à-dire le produit de déshydratation extranucléaire du méthylmenthol.

Analyse :

$$
\begin{aligned}
&\text{Matière} &&\dotfill\quad 0,3250 \\
&CO_2 &&\dotfill\quad 1,0966 \\
&H_2O &&\dotfill\quad 0,3871
\end{aligned}
$$

d'où, en centièmes,

	Trouvé.	Calculé pour $C^{11}H^{20}$.
C	86,41	86,61
H	13,26	13,39

J'ai trouvé, en outre,

$$d_0 = 0,8452 \qquad\qquad d^{10,6}_{} = 0,8371$$

$$n^{19,6}_H = 1,46510 \qquad\qquad \frac{n^2-1}{n^2+2}\frac{M}{d} = 50,21$$

Calculé pour $C^{11}H^{20}$ avec une double liaison. . . . $R_m = 50,238$

Il ne m'a pas donné de nitrosochlorure.

Triméthyl-2-5-8 nonène-5.

$$
\begin{array}{ccccccccc}
CH^3 & & & & CH^3 & & & & CH^3 \\
| & & & & | & & & & | \\
CH^3-CH-CH^2-CH^2-C&=&CH-CH^2-CH-CH^3.
\end{array}
$$

Cet hydrocarbure se forme, comme je l'ai indiqué, lorsqu'on éthérifie le méthyldiisoamylcarbinol par l'anhydride acétique. Pour réaliser la déshydratation intégrale de cet alcool, il faut le chauffer vers 150° pendant vingt-quatre heures avec de l'anhydride acétique en excès et de l'acétate de soude fondu ($\frac{1}{2}$ mol.).

On obtient ainsi un liquide incolore, assez mobile, faiblement odorant, qui bout à 74°-76° sous 9^{mm}.

Analyse :

$$\text{Matière} \dots \dots \dots \dots \dots \dots \dots \dots \dots \dots \quad 0,2500$$
$$CO^2 \dots \dots \dots \dots \dots \dots \dots \dots \dots \dots \dots \quad 0,7515$$
$$H^2O \dots \dots \dots \dots \dots \dots \dots \dots \dots \dots \dots \quad 0,3094$$

d'où

	Trouvé.	Calculé pour $C^{12}H^{24}$.
C	85,40	85,71
H	14,32	14,29

On a, en outre

$$d_0 = 0,7768 \qquad\qquad d\tfrac{1}{12,3} = 0,7678$$

$$n_0^{12,3} = 1,43521 \qquad\qquad \frac{n^2 - 1}{n^2 + 2}\,\frac{M}{d} = 57,127$$

$$\text{Calculé pour } C^{12}H^{24} \dots \dots \dots \qquad R_m = 56,943$$

Nous sommes donc bien en présence du produit de déshydratation, non polymérisé, du méthyldiisoamylcarbinol. Mais deux formules sont possibles :

$$\text{I.} \quad\quad CH^3 \qquad\qquad CH^3 \qquad\qquad CH^3$$
$$CH^3 - CH - CH^2 - CH^2 - C = CH - CH^2 - CH - CH^3,$$

$$\text{II.} \quad\quad CH^3 \qquad\qquad CH^2 \qquad\qquad CH^3$$
$$CH^3 - CH - CH^2 - CH^2 - C - CH^2 - CH^2 - CH - CH^3.$$

Pour choisir entre les deux, j'ai soumis 10^{gr} de cet hydrocarbure à l'oxydation par O^4, au moyen du mélange chromique. L'oxydation est très lente; elle exige environ trente-six heures de chauffage au bain-marie. Le liquide d'oxydation est épuisé trois fois à l'éther et la solution éthérée est lavée au bicarbonate de soude qui enlève les acides.

Le résidu de la distillation de l'éther, soumis à la rectification, fournit, sans la moindre portion inférieure, à peu près la moitié de l'hydrocarbure employé, puis une très faible portion supérieure bouillant au-dessous de 210° qui ne possède pas l'odeur cétonique et que je n'ai pu combiner à la semicarbazide. Il n'y a donc ni méthylisoamylcétone (point d'ébullition, 144°), ni diisoamylcétone (point d'ébullition, 226°).

Les acides régénérés de leurs sels de soude ont été neutralisés par l'oxyde d'argent humide, en n'employant qu'une petite quantité d'eau. J'ai pu ainsi séparer un sel d'argent soluble d'un autre à peu près insoluble. Le premier est de l'acétate d'argent que j'ai caractérisé en le transformant en acétate de potassium que j'ai desséché et éthérifié par le mélange sulfovinique. Quant au sel insoluble, c'était du valérianate.

La présence de l'acide acétique ne peut s'expliquer que par la formation transitoire de méthylisoamylcétone dont l'oxydation donne, comme on sait, de l'acide acétique et de l'acide isovalérianique. Le reste de la molécule hydrocarbonée donne seulement le second de ces acides. Il résulte de ces faits que l'hydrocarbure obtenu doit répondre à la formule 1, c'est le triméthyl-2-5-8 nonène-5.

Phénylméthoéthène.

$$CH^3$$
$$|$$
$$C^6H^5 - C = CH^2.$$

J'ai signalé précédemment que tous mes essais d'éthérification du phényldiméthylcarbinol avaient échoué et m'avaient fourni simplement le produit de déshydratation de cet alcool, c'est-à-dire le phénylméthoéthène. Le procédé le plus commode pour obtenir cet hydrocarbure consiste à chauffer l'alcool avec 2 parties d'anhydride acétique pendant vingt-quatre heures au bain-marie.

Purifié par distillation sur le sodium, il constitue un liquide incolore, mobile, d'odeur benzénique, qui bout à 158°-160° sous 748^{mm} ([1]) et à 106° sous 126^{mm}.

Analyse :

Matière	0,2617
CO^2	0,8772
H^2O	0,2092

([1]) C'est par erreur que le point d'ébullition a été indiqué comme étant 158°-160° sous 8^{mm} aux *Comptes rendus*, t. CXXXII, p. 685.

d'où

	Trouvé.	Calculé pour C^9H^{10}.
C	91,41	91,53
H	8,88	8,47

Par cryoscopie dans l'acide acétique, j'ai trouvé :

Matière	0,5255
Acide acétique	17,3673
Abaissement observé	0°,955

d'où

	Trouvé.	Calculé.
Poids moléculaire	123,5	118

La distillation sur le sodium polymérise peu à peu cet hydrocarbure, car, en répétant ces distillations, on constate que le poids moléculaire augmente progressivement. D'ailleurs, le flacon dans lequel on le conserve se tapisse lentement de petits glomérules blancs qui sont constitués très probablement par un polymère.

La détermination de la réfraction moléculaire m'a donné les résultats suivants qui surpassent notablement la théorie :

$$d^4_{9,6} = 0,9165, \qquad n_D^{9,6} = 1,54207, \qquad \frac{n^2-1}{n^2+2}\frac{M}{d} = 40,52.$$

Calculé pour C^9H^{10} avec quatre doubles liaisons : $R_m = 39,847$.

Dibromure. — Traité par Br^2 en solution chloroformique, le phénylméthoéthène donne un dibromure qu'il faut laisser au moins une semaine dans le vide sec sur la chaux vive pour le débarrasser complétement du chloroforme qu'il retient énergiquement.

Matière	0,3623
AgBr	0,4873

d'où

	Trouvé.	Calculé pour $C^9H^{10}Br^2$.
Br	57,22	57,55

Il distille à 111°-114° sous 7^{mm} en se décomposant fortement.

Di-phénylméthoéthène. — J'ai essayé de faire le chlorhydrate du phényldiméthylcarbinol par la méthode d'Errera, c'est-à-dire en chauffant l'alcool avec 5 parties d'acide chlorhydrique concentré, en autoclave, à 140° pendant cinq heures.

J'ai isolé une portion chlorée bouillant à 78°-80° sous 10^{mm} et une plus abondante, absolument exempte de chlore, qui bout à 158°-159° sous 8^{mm} et cristallise par refroidissement.

La portion inférieure est sans doute un mélange inséparable de phénylméthoéthène et de son chlorhydrate (trouvé, Cl pour 100 = 13,34; calculé pour $C^9H^{11}Cl$, Cl = 22,98).

Quant à la portion supérieure, elle cristallise dans l'alcool en beaux prismes incolores fusibles à 52°-53°.

L'analyse a donné :

Matière	0,2925
CO^2	0,9781
H^2O	0,2307

d'où

	Trouvé.	Calculé pour $(C^9H^{10})^2$.
C	91,19	91,53
H	8,76	8,47

et, par cryoscopie dans le bromure d'éthylène, j'ai obtenu :

Matière	0,5907
$C^2H^4Br^2$	32,9957
Abaissement observé	0°,900

d'où

	Trouvé.	Calculé pour $(C^9H^{10})^2$.
Poids moléculaire	236,7	236

Le corps obtenu est donc bien le di-phénylméthoéthène. Sa détermination cristallographique a été faite par M. Morel qui m'a communiqué les résultats suivants :

« Les cristaux examinés ont une forme prismatique aplatie; ils ont environ 8^{mm} de longueur, 5^{mm} de largeur et 2^{mm} d'épais-

seur; ils sont parfaitement transparents et incolores, très nets
et conformes au dessin ci-joint :

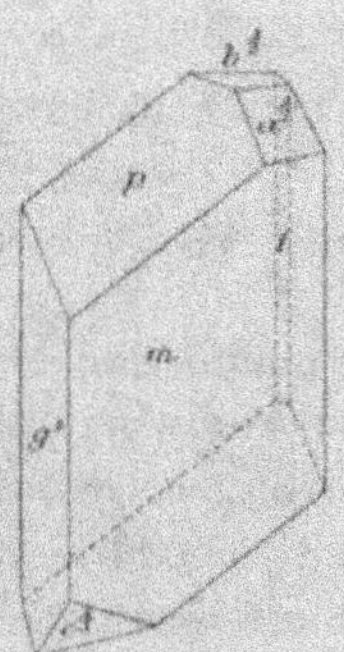

Système cristallin	triclinique.		
Angles des axes	$\alpha = 92°28'$,	$\beta = 63°37'$,	$\gamma = 84°51'$.
Paramètres des axes	$a = 0,5837$,	$b = 1$,	$c = 0,7321$.
Allongement	suivant l'axe du prisme.		
Aplatissement	suivant m.		
Clivage	néant.		
Faces constatées	$p(001)$, $g^1(010)$, $m(1\bar{1}0)$, $t(110)$. $a^{\frac{1}{2}}(\bar{3}01)$, $b^{\frac{1}{2}}(111)$, $c^{\frac{1}{2}}(0\bar{3}\bar{1})$.		

Angles des normales aux faces.

		Observé.	Calculé.
Zones principales	$p\,g^1$ (001)(0$\bar{1}$0)	78.40	78.13
	$p\,h^1$ (001)(100)	»	63.47
	$h^1 g^1$ (100)(0$\bar{1}$0)	»	90.39
	$g^1 m$ (010)(1$\bar{1}$0)	49. 4	F
	$h^1 m$ (100)(1$\bar{1}$0)	»	41.35
	$g^1 t$ (010)(110)	47. 36	F
Zones secondaires	$p\,m$ (001)(1$\bar{1}$0)	78.24	F
	$p\,a^{\frac{1}{2}}$ (001)($\bar{3}$01)	87. 2	F
	$p\,b^{\frac{1}{2}}$ (001)(111)	68.57	69.30
	$a^{\frac{1}{2}} m$ ($\bar{3}$01)(1$\bar{1}$0)	42. 8	42.21
	$c^{\frac{1}{2}} m$ (0$\bar{3}\bar{1}$)(1$\bar{1}$0)	115. 2	115.10
	$c^{\frac{1}{2}} g^1$ (0$\bar{3}\bar{1}$)(0$\bar{1}$0)	39.17	F

Signe...................................... négatif.
Orientation de l'ellipsoïde des indices... la bissectrice n_p de l'angle aigu
des axes rencontre la face m. »

Phényl-1 méthyl-2 propène-1.

$$C^6H^5 - CH = \overset{\displaystyle CH^3}{\underset{\displaystyle |}{C}} - CH^3.$$

Comme son homologue inférieur, le benzyldiméthylcarbinol se déshydrate lorsqu'on essaie de l'éthérifier. On obtient un hydrocarbure qui, redistillé sur le sodium, bout à 183°-185° sous 748^{mm} (température corrigée par comparaison avec la température d'ébullition de l'aniline) et à 76°-77° sous 11^{mm}. C'est un liquide incolore, mobile, qui présente l'odeur forte des hydrocarbures de cette série et qui possède à 0° la densité $d_0 = 0,9298$.

Analyse :

Matière...............................	0,2514
CO^2.................................	0,8342
H^2O.................................	0,2082

d'où

	Trouvé.	Calculé pour $C^{10}H^{12}$.
C...............	90,50	90,91
H...............	9,20	9,09

La détermination de la réfraction moléculaire a donné les résultats suivants :

$$d^{11}_{11} = 0,9205, \qquad n_D^{11} = 1,53707, \qquad \frac{n^2-1}{n^2+2}\frac{M}{d} = 44,788.$$

Calculé pour $C^{10}H^{12}$ avec $\frac{1}{2}$ doubles liaisons : $R_m = 44,450$.

L'hydrocarbure considéré répond donc bien à la formule $C^{10}H^{12}$.

Dibromure. — Par l'action du brome (Br^2) en solution chloroformique, il a fourni un dibromure liquide, fortement coloré

en rouge brun, mais qui ne dégage pas d'acide bromhydrique
et ne cristallise pas dans un mélange réfrigérant.

Analyse :

$$\text{Matière} \dots \dots \dots \dots \dots \dots \quad 0,4509$$
$$\text{AgBr} \dots \dots \dots \dots \dots \dots \quad 0,3432$$

d'où

	Trouvé.	Calculé pour $C^{10}H^{12}Br^2$
Br	54,81	54,79

Constitution. — Il reste à déterminer la constitution de notre
hydrocarbure. La déshydratation du benzyldiméthylcarbinol
peut, en effet, se faire de deux manières et donner, par suite,
deux hydrocarbures :

$$
\begin{array}{cc}
\text{I.} & \text{II.} \\[4pt]
CH^3 & CH^2 \\
\mid & \mid \\
C^6H^5 - CH = C - CH^3, & C^6H^5 - CH^3 - C = CH^2.
\end{array}
$$

Le second est inconnu, mais le premier a déjà été obtenu par
plusieurs savants (¹) et dans des conditions différentes. Son
point d'ébullition est à 184°-186° d'après Perkin, 183°-186°
d'après Fittig et Jayne, et à 181° (dans la vapeur) d'après Liebmann ; il donne un dibromure qui ne cristallise pas à — 20°.

Ces caractères s'accordent bien avec ceux que j'ai observés
pour mon hydrocarbure.

J'ai achevé l'identification en en soumettant 6^{gr} à une oxydation ménagée au moyen du mélange chromique. J'ai obtenu
de l'acétone, de l'acide benzoïque et un peu de benzaldéhyde
que j'ai caractérisée par son odeur et sa combinaison avec le
paramidophénol.

Ces résultats ne laissent aucun doute sur la position de la
double liaison ; l'hydrocarbure que j'ai obtenu est identique à
celui des chimistes précédents, c'est le phényl-1 méthyl-2 pro-
pène-1.

(¹) PERKIN, *Chem. Society*, t. XXXV, p. 138. — FITTIG et JAYNE, *Liebig's
Ann.*, t. CCXVI, p. 117. — LIEBMANN, *Liebig's Ann.*, t. CCLX, p. 174.

Phényl-1 méthyl-3 butadiène-1-3.

$$C^6H^5 — CH = CH — \overset{\overset{\textstyle CH^3}{|}}{C} = CH^2.$$

La benzylidène-acétone produit sur le méthyliodure de magnésium une réaction peu vive qui donne une combinaison assez soluble dans l'éther, mais qui cristallise en mamelons sur les parois du ballon, lorsque la solution n'est pas trop étendue.

Quand on chasse l'éther après le traitement habituel, il se sépare 10^{gr} d'eau et la déshydratation s'achève pendant la rectification. On recueille 95 à 100^{gr} entre $110°$ et $120°$ sous 15^{mm}; le reste (40^{gr}) est constitué par des produits de polymérisation qui se décomposent.

Pour achever la déshydratation, j'ai chauffé la portion principale au bain-marie avec de l'anhydride acétique; elle distille alors nettement à $116°–118°$ sous 18^{mm}, mais il y en a environ un quart de polymérisé.

La distillation sur le sodium achève de purifier l'hydrocarbure, mais en polymérise encore la moitié. Il bout alors à $115°$ sous 18^{mm} et cristallise en lamelles brillantes fusibles à $27°$.

Analyse :

Matière	0,2771
CO^2	0,9265
H^2O	0,2221

d'où

	Trouvé.	Calculé pour $C^{11}H^{12}$.
C	91,19	91,67
H	8,90	8,33

La cryoscopie dans le benzène a donné les résultats suivants :

Matière	1,0239
Benzène	36,1039
Abaissement observé	$0°,960$

d'où

Trouvé.	Calculé pour $C^{11}H^{12}$.
144,8	144

Le corps obtenu est donc bien le produit de déshydratation du phényl-1 méthyl-3 butène-1 ol-3

$$C^6H^5 - CH = CH - C(OH) \diagdown \begin{matrix} CH^3 \\ CH^{3'} \end{matrix}$$

qui s'est formé transitoirement.

On voit que cette déshydratation peut se faire de deux manières en donnant un hydrocarbure allénique ou un diéthylénique. Par analogie avec ce que nous avons constaté dans les chaînes grasses présentant la même structure terminale

$$= CH - C(OH) \diagdown \begin{matrix} CH^3 \\ CH^{3'} \end{matrix}$$

je crois pouvoir admettre que la déshydratation se fait aux dépens d'un des groupements — CH^3 et donne, par conséquent, le phényl-1 méthyl-3 butadiène-1-3.

Comme je l'ai déjà indiqué, cet hydrocarbure se polymérise avec la plus grande facilité, non seulement lorsqu'on le distille, mais encore dans le flacon où on le conserve, et très rapidement. Au début, les cristaux ne paraissent pas subir de modification, mais, si au bout de quelques semaines on essaie de le fondre, les cristaux disparaissent vers la température de 30° et font place à un liquide incolore, très visqueux, qu'il faut chauffer au-dessus de 100° pour le transvaser. Par refroidissement, il recristallise encore, mais peu à peu, à la température ordinaire, on assiste à une transformation complète des cristaux en une masse colloïde, incolore, fortement réfringente, qui n'est pas sans analogie avec le métastyrolène.

Par chauffage à la pression ordinaire, il y a, en effet, dépolymérisation et retour au carbure primitif.

α-Naphtylméthoéthène.

$$2\ C^{10}H^7 - \overset{\displaystyle CH^3}{\underset{|}{C}} = CH^2.$$

L'α-naphtyldiméthylcarbinol, chauffé au bain-marie avec poids égal d'anhydride acétique pendant vingt-quatre heures,

se déshydrate complètement et se transforme en α-naphtylméthoéthène. Redistillé sur le sodium, cet hydrocarbure se présente comme un liquide incolore, réfringent, très faiblement
odorant, qui bout à 125° sous 8^{mm} et a pour densité à 0° :

$$d_0 = 1,0208.$$

Analyse :

Matière	0,2809
CO^2	0,9570
H^2O	0,1860

d'où

	Trouvé.	Calculé pour $C^{12}H^{12}$.
C	92,91	92,85
H	7,35	7,14

La détermination de la réfraction moléculaire a donné les
résultats suivants :

$$d_4^4 = 1,6143, \qquad n_D^4 = 1,61435, \qquad \frac{n^2-1}{n^2+2}\frac{M}{d} = 57,734$$

$$\text{Calculé pour } C^{12}H^{12} \text{ avec 6 doubles liaisons} \dots \quad 55,367$$

La réfraction moléculaire expérimentale, comme on le savait
déjà, dépasse de beaucoup la théorie pour les composés naphtaléniques. Mais, ayant eu l'occasion de remarquer que la différence constatée était sensiblement la même pour l'α-naphtylméthoéthène et pour l'α-naphtylméthylcétone, je me suis
demandé s'il ne serait pas possible de faire rentrer les composés
naphtaléniques dans la loi de Brühl en attribuant aux doubles
liaisons du noyau naphtalénique un module spécial. Ainsi, en
partant des données précédentes, on devrait prendre pour
incrément de chacune des cinq doubles liaisons nucléaires :

$$1,707 + \frac{57,734 - 55,367}{5} = 2,184.$$

L'α-naphtylméthylcétone m'a donné d'autre part

$$d_{10,8} = 1,1246 \qquad n_D^{0,8} = 1,6359 \qquad \frac{n^2-1}{n^2+2}\frac{M}{d} = 53,937$$

$$\text{Calculé pour } C^{10}H^7COCH^3 \dots \quad R_m = 51,344$$

d'où l'on tire pour nouvelle valeur de la double liaison

$$1,707 + \frac{33,937 - 51,344}{5} = 2,226.$$

Comme on le voit, il y a entre les deux valeurs trouvées une concordance remarquable que j'espérais pouvoir généraliser. En réalité, il n'en est pas ainsi et la loi est beaucoup moins simple que je ne l'avais supposé. Nous verrons tout à l'heure en effet que pour le β-naphtylméthylhexène la différence entre la théorie et l'expérience est beaucoup plus grande que dans les deux cas précédents.

Picrate. — 5ᵍʳ d'α-naphtylméthoéthène dissous dans égal volume d'alcool sont versés dans une solution alcoolique d'acide picrique saturée à froid et en contenant la quantité théorique. On agite, et presque immédiatement tout se prend en une masse de fines aiguilles jaune vif, peu solubles dans l'alcool froid, mais très solubles à chaud. On essore et on fait recristalliser dans l'alcool; on obtient encore de très fines aiguilles fusibles à 91° lorsqu'on les chauffe rapidement, mais qui se décomposent à 89°-90° par chauffage progressif, en devenant rouge orangé; il reste alors une carcasse d'acide picrique qui ne fond plus qu'à 115°-118°.

Analyse :

Matière	0,2592
Volume d'azote	$22^{cm³},9$
Température	$11°,4$
Pression	$751^{mm},5$

d'où

	Trouvé.	Calculé pour $C^{13}H^{12}, C^{6}H^{2}(OH)(AzO^{2})^{3}$.
Az	10,40	10,58

β-naphtylméthoéthène.

$$\beta\ C^{10}H^{7}\!-\!\overset{\displaystyle CH^{3}}{\underset{\displaystyle |}{C}} = CH^{2}.$$

Cet isomère du précédent est le produit direct de l'action de

la β-naphtylméthylcétone sur le méthyliodure de magnésium.
La réaction est peu vive et donne une combinaison qui reste
dissoute dans l'éther.

Après traitement habituel et distillation de l'éther, il reste un
liquide visqueux qui abandonne quelques cristaux lorsqu'on le
refroidit dans un mélange réfrigérant. J'ai isolé les cristaux et
distillé le reste qui passe, sans formation d'eau, à 138°-140°
sous 7^{mm}, et cristallise par refroidissement. Ces cristaux fondent
à 45°-47° comme ceux isolés au début, ce qui établit suffisamment leur identité. Ils sont solubles dans tous les dissolvants
ordinaires; par recristallisation dans l'alcool à 80 pour 100,
on obtient des paillettes blanches, nacrées, fusibles à 46°-47° et
dont l'odeur rappelle le diphényle.

Analyse :

$$
\begin{array}{lr}
\text{Matière} & 0,2836 \\
CO_2 & 0,9608 \\
H_2O & 0,1904
\end{array}
$$

d'où

	Trouvé.	Calculé pour $C_{13}H_{12}$.
C	92,59	92,86
H	7,47	7,14

La cryoscopie dans le bromure d'éthylène a donné

$$
\begin{array}{lr}
\text{Matière} & 0,5335 \\
C_2H_4Br_2 & 37,2544 \\
\text{Abaissement observé} & 1°,005
\end{array}
$$

d'où

	Trouvé.	Calculé pour $C_{13}H_{12}$.
Poids moléculaire	169,56	168

Nous sommes donc bien en présence du produit de déshydratation du β-naphtyldiméthylcarbinol, c'est-à-dire du β-naphtylméthoéthène. Comme j'en ai obtenu 20^{gr} à partir de 25^{gr} de
β-naphtylméthylcétone, c'est un rendement de plus de 80
pour 100.

Picrate. — On l'obtient en introduisant directement 5^{gr} d'hydrocarbure dans la quantité théorique d'acide picrique en solution alcoolique saturée. Il est notablement plus soluble que le précédent dans l'alcool froid et y cristallise en arborescences d'aiguilles jaune orangé qui fondent à 85°-86°; une nouvelle cristallisation dans l'alcool à 90 pour 100 élève le point de fusion à 88°.

Analyse :

Matière	0,2125
Volume d'azote	$19^{cm^3},8$
Température	$17°,1$
Pression	740^{mm}

d'où

	Trouvé.	Calculé pour $C^{11}H^{12}, C^9H^2(OH)(AzO^2)^2$.
Az	10,50	10,58

β-*Naphtyl-3 méthyl-2 hexène-*? [1]

Nous avons vu que l'α-naphtylméthylcétone donne avec le méthyliodure de magnésium un alcool stable, tandis que la β-cétone, traitée de la même manière, conduit à un hydrocarbure. Il y avait lieu de se demander si l'instabilité du β-naphtyldiméthylcarbinol n'était pas due en partie à la faible masse de la chaîne latérale par rapport au noyau naphtalénique et si, par suite, en augmentant cette masse, on ne pourrait arriver à un alcool stable. Pour étudier cette question, j'ai fait réagir la β-naphtylméthylcétone sur l'isoamylbromure de magnésium. On obtient une combinaison cristalline que l'on soumet au traitement ordinaire. La solution éthérée laisse un résidu liquide qu'on rectifie dans le vide. Il se sépare alors de l'eau, ce qui indique que l'alcool formé se déshydrate. Après plusieurs rectifications, on isole l'hydrocarbure sous forme d'un liquide

[1] J'ai décrit ailleurs cet hydrocarbure sous le nom de β-*naphtylisoamyléthène*, mais cette constitution n'est pas encore démontrée (*Bull. Soc. chim.*, 3e série, t. **XXV**, p. 499).

incolore, réfringent, assez mobile, peu odorant, qui bout à $175°$-$178°$ sous 10^{mm}. Le rendement est de 75 pour 100.

Analyse :

Matière		0,3174
CO^2		1,0589
H^2O		0,2584

d'où

	Trouvé.	Calculé pour $C^{17}H^{20}$.
C	90,99	91,07
H	9,05	8,93

J'ai déterminé, en outre, les constantes suivantes :

$$d_0 = 0,9808, \qquad d_4^4 = 0,9728$$

$$n_D^2 = 1,5912 i, \qquad \frac{n^2-1}{n^2+2} \frac{M}{d} = 77,84$$

Calculé pour $C^{17}H^{20}$ avec 6 doubles liaisons : $R_m = 73,779$

Si nous appliquons ici le calcul déjà indiqué pour l'α-naphtylméthylcétone et pour l'α-naphtylméthoéthène, nous trouvons que pour faire cadrer la théorie avec l'expérience il faudrait attribuer à chacune des doubles liaisons nucléaires la valeur

$$1,707 + \frac{77,84 - 73,779}{5} = 2,519,$$

tandis que nous avions trouvé précédemment environ 2,2. L'hypothèse faite est donc insuffisante; la valeur des incréments ne paraît pas être ici simplement fonction de la forme du noyau, mais encore de la condensation en carbone.

Picrate. — Le β-naphtylméthylhexène donne un picrate assez soluble dans l'alcool froid et qu'il est nécessaire de préparer avec une solution picrique concentrée et chaude. Il cristallise par refroidissement en petites boules orangées formées d'aiguilles microscopiques qui se dissocient avec la plus grande facilité au contact des dissolvants; aussi n'ai-je pu le faire recristalliser. Il fond partiellement à $46°$-$47°$ en se décomposant.

Dosage d'azote :

$$
\begin{aligned}
\text{Matière} &\dots\dots\dots\dots\dots\dots\dots\dots\quad 0,2619 \\
\text{Volume d'Az} &\dots\dots\dots\dots\dots\dots\dots\quad 21^{cm^3},9 \\
\text{Température} &\dots\dots\dots\dots\dots\dots\dots\quad 18°,4 \\
\text{Pression} &\dots\dots\dots\dots\dots\dots\dots\dots\quad 749^{mm}
\end{aligned}
$$

d'où

$$
\begin{array}{ccc}
 & \text{Trouvé.} & \overset{\text{Calculé pour}}{C^{11}H^{20}C^8H^2(OH)(AzO^1)^2.} \\
Az\dots\dots\dots\dots\dots\dots\dots & 9,49 & 9,40
\end{array}
$$

Constitution. — En raison de son mode d'obtention, l'hydrocarbure considéré peut répondre à l'une des deux formules suivantes :

$$
C^{10}H^7 - \underset{|}{\overset{CH^2}{C}} - CH^2 - CH^2 - CH\big<{}^{CH^3}_{CH^3}
$$

ou

$$
C^{10}H^7 - \underset{|}{\overset{CH^3}{C}} = CH - CH^2 - CH\big<{}^{CH^3}_{CH^3}
$$

Une oxydation permettrait sans doute de trancher la question, car elle pourrait donner, dans le premier cas, de la β-naphtylisoamylcétone, et, dans le second, de la β-naphtyl-méthylcétone. Je n'ai pas préparé une quantité suffisante d'hydrocarbure pour effectuer cette opération, je suis donc obligé de laisser momentanément cette question en suspens.

On voit, en résumé, que les combinaisons organomagnésiennes permettent de réaliser facilement, et avec d'excellents rendements, des synthèses d'hydrocarbures β-diéthyléniques (1-3) et, dans quelques autres cas, d'hydrocarbures monoéthyléniques aromatiques. L'étude précédente a montré, en outre, que les β-naphtylcarbinols tertiaires ne sont pas stables.

———

CONCLUSIONS.

Des recherches qui précèdent résultent les conclusions suivantes :

I. Les éthers halogénés (bromures et iodures) des alcools saturés de la série grasse et de la série aromatique réagissent facilement sur le magnésium en présence de l'éther anhydre en donnant des combinaisons organométalliques de formule générale

$$RMgI \quad \text{ou} \quad RMgBr.$$

La réaction est différente avec l'iodure et le bromure d'allyle qui donnent des combinaisons de la forme

$$C^3H^5MgI, C^3H^5I,$$

mais il est possible qu'elle redevienne normale lorsque la double liaison s'éloigne de l'élément halogène.

II. Les combinaisons organomagnésiennes, parfaitement solubles dans l'éther anhydre, peuvent être utilisées directement au sein de ce solvant. Elles peuvent remplacer dans la très grande majorité des cas les composés organozinciques sur lesquels elles présentent d'importants avantages :

1° Elles sont d'une préparation très aisée et facilement maniables, sans le moindre danger d'inflammation;

2° Elles possèdent des aptitudes réactionnelles beaucoup plus grandes, réagissent plus vite, plus complètement, et dans un plus grand nombre de circonstances;

3° Elles sont beaucoup plus nombreuses et, en particulier, elles peuvent contenir des résidus d'alcools aromatiques, ce qui n'a pas été réalisé jusqu'à présent avec le zinc.

III. Leur décomposition par l'eau donne des hydrocarbures saturés, et cette réaction peut être utilisée dans un certain nombre de cas comme mode de préparation.

IV. Par certaines de leurs réactions, elles se rapprochent des composés organosodiques. Ainsi elles fixent le gaz carbonique en donnant des combinaisons qui, par l'action de l'eau, fournissent, avec de bons rendements, un acide monobasique de condensation en carbone supérieure d'une unité à celle de l'éther halogéné d'où l'on est parti.

V. Avec les aldéhydes grasses ou aromatiques, saturées ou non, et avec le furfurol, elles donnent, en général, des alcools secondaires, et elles ne provoquent pas les réactions secondaires qui, dans la méthode de Wagner, se présentent à partir du zinc-propyle.

En outre, les rendements, par rapport à l'éther halogéné employé, sont au moins doubles de ceux fournis par la méthode de Wagner.

VI. En réagissant sur les cétones grasses ou aromatiques, complètes ou incomplètes, elles conduisent généralement à des alcools tertiaires. Elles témoignent nettement ici d'affinités supérieures aux combinaisons organozinciques qui ne réagissent pas sur les cétones. De plus, elles permettent d'opérer sur les cétones en $-CO-CH^3$ qui restent inattaquées ou sont condensées par la méthode de Saytzeff (excepté quand on emploie le bromure ou l'iodure d'allyle).

Ces propriétés m'ont permis de réaliser des synthèses d'alcools tertiaires qu'on ne pouvait aborder auparavant que par la méthode de Boutlerow; encore celle-ci se trouvait-elle parfois complètement en défaut, comme c'est le cas pour le phényl-diméthylcarbinol.

Enfin, les rendements obtenus ici sont au moins triples de ceux qu'on obtient par la méthode de Saytzeff.

VII. Par condensation avec les éthers-sels, les combinaisons organomagnésiennes conduisent à des alcools secondaires symétriques, au départ de l'éther formique, et à des alcools tertiaires symétriques avec les autres éthers. En raison de sa facilité d'exécution et des excellents rendements qu'elle fournit, cette méthode paraît devoir remplacer la méthode de Boutlerow toutes les fois qu'on pourra disposer de l'éther-sel à la place du chlorure d'acide correspondant.

VIII. Ces recherches ont enfin montré que, en général les alcools tertiaires et, quelquefois les alcools secondaires incomplets qui présentent une double liaison en 2-3 par rapport à l'hydroxyle, sont instables et se déshydratent, lorsqu'on essaie de les isoler, en donnant naissance à un hydrocarbure diéthylénique et non allénique. En outre, les alcools dérivés des cétones cycliques et les β-naphtylcarbinols tertiaires ne sont pas stables.

IX. L'application de ma méthode aux aldéhydes, aux cétones et aux éthers-sels, m'a permis de rendre très pratique la préparation de certains alcools, comme l'alcool isopropylique et le triméthylcarbinol, et de réaliser avec d'excellents rendements la synthèse de vingt-neuf alcools ou hydrocarbures nouveaux dont voici la liste :

<table>
<tr><td>Alcools secondaires.</td><td>Alcools tertiaires.</td></tr>
<tr><td>Penténol-2-4.</td><td>Diméthylisoamylcarbinol.</td></tr>
<tr><td>Méthylhexénol-3-3-2.</td><td>Méthyldiisoamylcarbinol.</td></tr>
<tr><td>Méthylocténol-2-6-5.</td><td>Phényldiméthylcarbinol.</td></tr>
<tr><td>Diisobutylcarbinol.</td><td>Benzyldiméthylcarbinol.</td></tr>
<tr><td>Diisoamylcarbinol.</td><td>α-naphtyldiméthylcarbinol.</td></tr>
<tr><td>Diméthyl-2-6 décénol-2-8.</td><td></td></tr>
<tr><td>Phénylisopropylcarbinol.</td><td></td></tr>
<tr><td>Phénylisobutylcarbinol.</td><td></td></tr>
<tr><td>Phénylisoamylcarbinol.</td><td></td></tr>
<tr><td>Isoamylfurfurcarbinol.</td><td></td></tr>
</table>

Hydrocarbures.

Diméthyl-2-4 pentadiène-2-4 et son dimère.
Diméthyl-2-6 heptadiène-4-6.
Diméthyl-2-6 nonatriène-2-6-8 et son isomère cyclique.
Triméthyl-2-5-8 nonène-5.
Méthène-3 terpène-4-8.
Méthène-3 menthane.
Phénylméthoéthène et son dimère.
Phényl-1 méthyl-3 butadiène-1-3.
α-naphtylméthoéthène.
β-naphtylméthoéthène.
β-naphtyl-5 méthyl-2 hexène.

TABLE DES MATIÈRES.

	Pages
Introduction	1

Chapitre I. — *Combinaisons organomagnésiennes mixtes.* — 8

Formation des combinaisons organomagnésiennes	8
Préparation	9
Action de l'eau	11
État libre	13
Action de la chaleur	16
Constitution	19
Action des éthers halogénés incomplets sur le magnésium en présence d'éther anhydre	22
Réactions secondaires dans la préparation des combinaisons organomagnésiennes	24
Action du gaz carbonique sur les combinaisons organomagnésiennes mixtes	26
État actuel de l'étude des combinaisons organomagnésiennes	29

Chapitre II. — *Action des combinaisons organomagnésiennes sur les aldéhydes.* — 33

Alcool isopropylique	37
Diisobutylcarbinol	38
Penténol-2-4	39
Méthyl-5 hexène 3 ol-2	41
Méthyl-2 octène-6 ol-5	42
Diméthyl-2-6 décénol-2-8	43
Phénylpropylcarbinol	45
Phénylisopropylcarbinol	46
Phénylisobutylcarbinol	47
Phénylisoamylcarbinol	48
Isoamylfurfurcarbinol	49
Action du benzylbromure de magnésium sur les aldéhydes	50

Chapitre III. — *Action des combinaisons organomagnésiennes sur les cétones.* — 52

| Triméthylcarbinol | 53 |
| Pentaméthyléthanol | 54 |

Pages

Diméthylisoamylcarbinol 55
Phényldiméthylcarbinol 57
Benzyldiméthylcarbinol 58
α-Naphtyldiméthylcarbinol 60

CHAPITRE IV. — *Action des combinaisons organomagnésiennes
sur les éthers-sels.* 63

Diéthylcarbinol 65
Diisoamylcarbinol 66
Diisobutylcarbinol 69
Triméthylcarbinol 71
Méthyldiisoamylcarbinol 72
Phényldiméthylcarbinol 73

CHAPITRE V. — *Sur quelques hydrocarbures obtenus au cours
des recherches précédentes.* 75

Diméthyl-2-4 pentadiène-2-4 77
Diméthyl-2-6 heptadiène-4-6 81
Diméthyl-2-6 nonatriène-2-6-8 83
Méthène-3 terpène-4-8 94
Méthène-3 menthane 95
Triméthyl-2-5-8 nonène-5 96
Phénylméthoéthène 100
Phényl-1 méthyl-2 propène-1 104
Phényl-1 méthyl-3 butadiène 1-3 106
α-Naphtylméthoéthène 107
β-Naphtylméthoéthène 109
β-Naphtyl-5 méthyl-2 hexène 111
Conclusions 114

SECONDE THÈSE.

PROPOSITION DONNÉE PAR LA FACULTÉ.

Cryoscopie.

Vu et approuvé :

Lyon, le 30 mai 1901.

LE DOYEN DE LA FACULTÉ DES SCIENCES DE LYON,

C. DEPÉRET.

Vu et permis d'imprimer :

Lyon, le 30 mai 1901.

LE RECTEUR DE L'ACADÉMIE DE LYON,

G. COMPAYRÉ.

30449   Paris. — Imprimerie GAUTHIER-VILLARS, quai des Grands-Augustins, 55.